服装样板制作实训手册

胡进盛 ■ 主 编

清華大学出版社
北 京

内容简介

本书采取章节式教材的编写方法，系统地介绍服装制版的基本概念、基本理论、基本方法及其在实际中的应用，主要内容包括常用裙装、裤装、衬衫、连衣裙、女外套的样板绘制；并且按照教育部要求，“校企双元”合作开发规划教材，通过图文并茂的形式分章节开展实操活动，全面提升学生的服装制版技能，并配套相应的数字化实训资源，打通线上线下学习平台，助力学习者深度学习和能力养成。

本书可作为高等院校服装设计类、服装工程类等专业相关课程的教科书，也可作为服装行业相关技术人员的参考书。

图书在版编目(CIP)数据

服装样板制作实训手册 / 胡进盛主编. --北京：清华大学出版社，2025.4. --ISBN 978-7-302-69006-1

Ⅰ. TS941.631-62

中国国家版本馆 CIP 数据核字第 2025N826K4 号

责任编辑：鲜岱洲
封面设计：曹　来
责任校对：刘　静
责任印制：刘　菲

出版发行：清华大学出版社
网　　址：https://www.tup.com.cn，https://www.wqxuetang.com
地　　址：北京清华大学学研大厦 A 座　　**邮　　编**：100084
社 总 机：010-83470000　　**邮　　购**：010-62786544
投稿与读者服务：010-62776969，c-service@tup.tsinghua.edu.cn
质量反馈：010-62772015，zhiliang@tup.tsinghua.edu.cn
课件下载：https://www.tup.com.cn，010-83470410
印 装 者：三河市龙大印装有限公司
经　　销：全国新华书店
开　　本：185mm×260mm　　**印　　张**：7.25　　**字　　数**：171 千字
版　　次：2025 年 5 月第 1 版　　**印　　次**：2025 年 5 月第 1 次印刷
定　　价：49.00 元

产品编号：107984-01

本书编写人员

主　编　胡进盛

副主编　林成叶　胡其全

参　编　叶海勇　林书瑶　陈南靓

陈田田　Daniel·潘　薛　洁

前　言

随着时尚产业的不断发展，服装设计水平飞速提高，计算机技术作为其中的核心技术之一，受到广泛的关注和重视。尤其在职业教育中，服装制版作为一门重要的专业课程，对培养学生的设计思维和实际操作能力具有重要意义。本书旨在系统地介绍服装制版的基本原理、技巧和方法，帮助学生全面掌握服装制版的技能，提高他们的设计水平和制作能力。

本书注重对学生的学习能力、实践能力以及创新能力的培养，从学生感兴趣的款式入手，通过剪切、展开等方法，在各类服装款式结构实践的基础上，结合服装相关原理展开讨论。本书立足于服装企业的实际需求，培养学生的专业技能和实际应用技能。在编写本书的过程中，编者深入研究了国内外众多服装制版教材和相关文献资料，结合多年的教学和实践经验，基于学科本体视角，力求构建丰富、系统、实用的教材体系。

本书的使用对象为三年制服装设计与工艺、服装工程专业的学生。本书内容分为理论篇和实践篇。理论篇以全面且系统的理论知识为基础，对服装制图术语及符号名称、服装各部位线条名称、服装结构制图工具及图线的画法、人体测量的部位与方法、服装结构制图的步骤等方面作了详细的介绍，同时，将理论与实践有机结合，引导学生实现理论知识和实践能力的衔接。实践篇包括下装结构制版、上装结构制图，通过对各类服装的样板制作和结构分析，强调实际操作的应用能力，有效地实现理论知识向实际操作能力的转化，达到培养以应用为目的的专业技术人才。书中配备了大量的样板制作实例图片，并以言简意赅的文字进行讲解，既便于教师教学，又便于学生自学。

本书在每节均设置了"拓展与练习"模块，力求使学生在理解服装结构设计基本原理的同时，能懂得举一反三，达到触类旁通的学习目的。相信学生通过循序渐进地系统练习，可具备独立进行服装样板制作的能力。

本书由胡进盛任主编，负责全书的统编和修改，副主编为林成叶、胡其全。具体编写人员如下：第一章由胡其全、薛洁编写；第二章由叶海勇、陈南靓编写；第三章第一节由胡其全、叶海勇编写；第三章第二、三节由林成叶、陈田田编写；林书瑶、Daniel·潘、薛洁负责本书的插画绘制。

在本书的编写过程中，我们得到了众多同行和专家的支持和帮助，在此对他们表示衷心的感谢。同时，也希望大家在使用本书的过程中，能够提出宝贵的意见和建议，以便不断改进和完善。

编　者

2024 年 10 月

目　录

理　论　篇

实　践　篇

理 论 篇

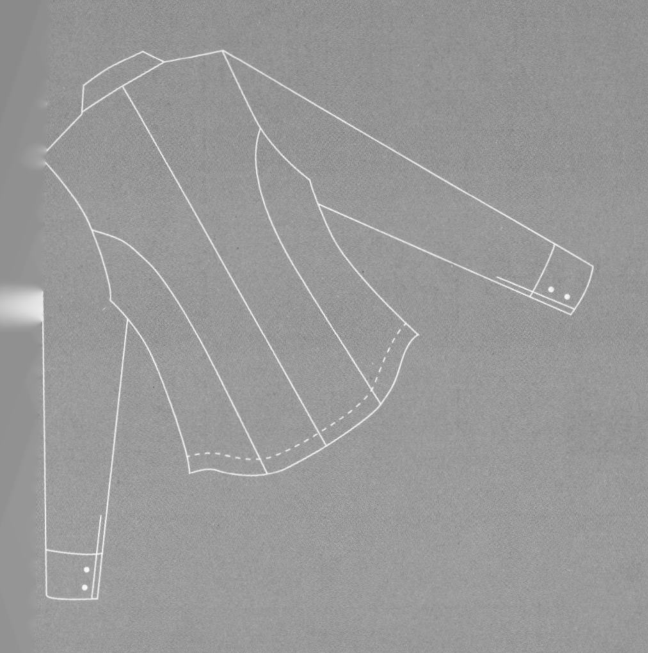

第一章 知识准备

导读

本章主要学习服装结构制图的基础知识。通过本章的学习，学生能够正确使用制图符号，了解服装的主要部件以及线条名称；通过实践，学生能够掌握人体测量的方法和要求，并能够熟练运用制图工具绘制各图线的画法。

第一节　服装结构制图术语及符号名称

知识目标

1. 掌握服装结构制图术语。
2. 掌握服装结构制图符号名称。
3. 掌握服装结构制图主要部位代号名称。

一、服装结构制图术语

(1) 轮廓线:表示服装结构裁片的主要部件与零部件外轮廓的各制图线条(图 1-1)。

(2) 结构线:表示服装结构各部位之间关系的制图线条,如口袋位置、省道位置、褶裥位置等(图 1-2)。

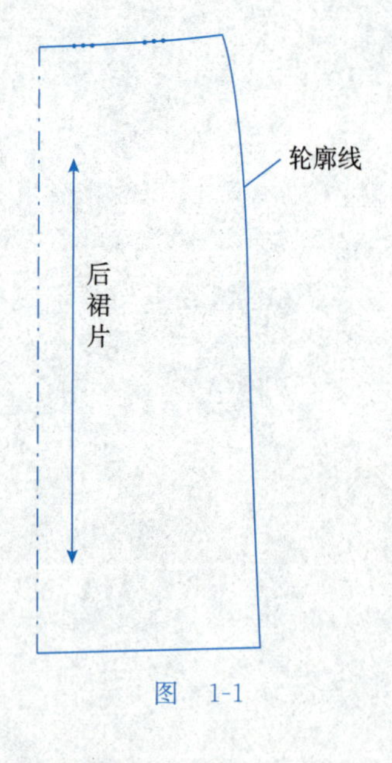

图　1-1

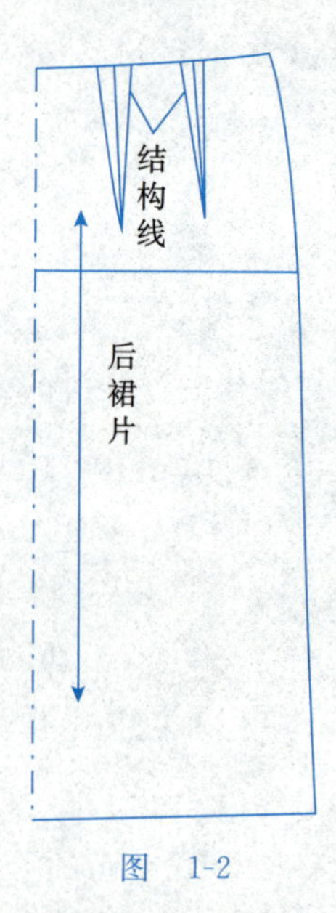

图　1-2

(3) 基础线:服装结构制图时,首先画出水平方向和竖直方向的线条。

(4) 净样:服装的实际尺寸,不包括贴边、缝份等(图 1-3)。

(5) 毛样:服装裁片的尺寸,包括贴边、缝份等(图 1-4)。

(6) 劈势:根据服装规格尺寸,直线的偏进量。

(7) 胖势:根据服装规格尺寸,制图时弧线部位胖出的量。

(8) 凹势:根据服装规格尺寸,制图时需要凹进的量。

(9) 困势:根据服装规格尺寸,制图时直线的偏出量。

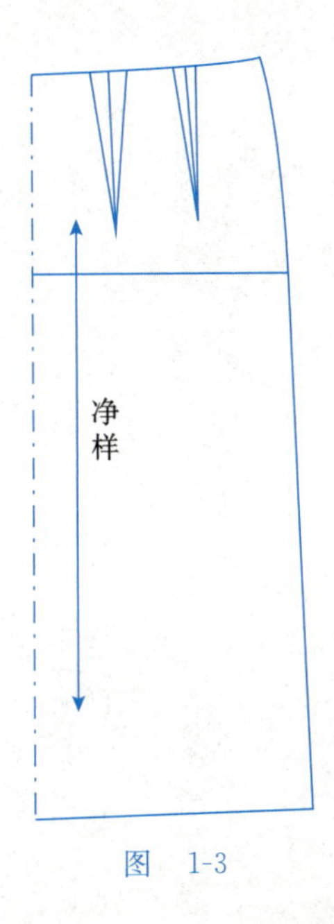

图 1-3

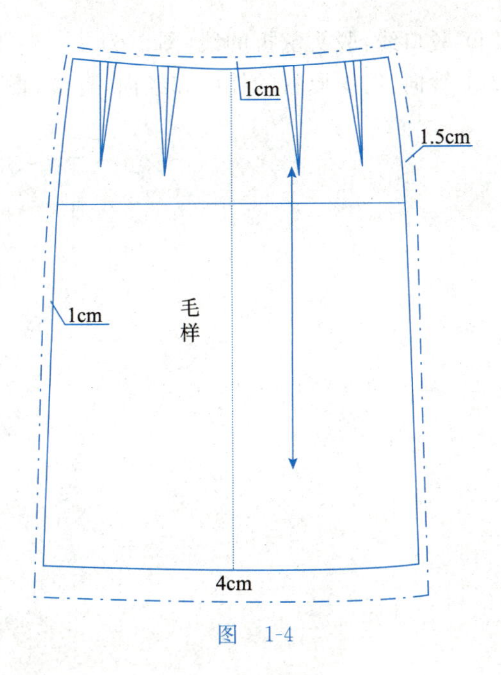

图 1-4

(10) 翘势:水平线与轮廓线之间抬高(上翘)的量。

(11) 省:也称省缝,是为了使服装适合人体体型曲线,在衣片上缝去的部分。

(12) 裥:也称褶裥,是为了使服装适合人体体型曲线,在衣片上折叠的部分。

(13) 画顺:服装结构制图时,直线与弧线、弧线与弧线之间连接时线条没有棱角,要流畅圆顺。

(14) 门襟:衣片上锁眼的部位。

(15) 里襟:衣片上钉扣的部位。

(16) 挂面:上衣门里襟反面的贴边,也称门襟贴边。

(17) 叠门:也称搭门,是指门襟和里襟重叠的部位。

(18) 育克:也称复势、过肩,是指男女上衣肩背部位分割拼接的部位(图 1-5)。

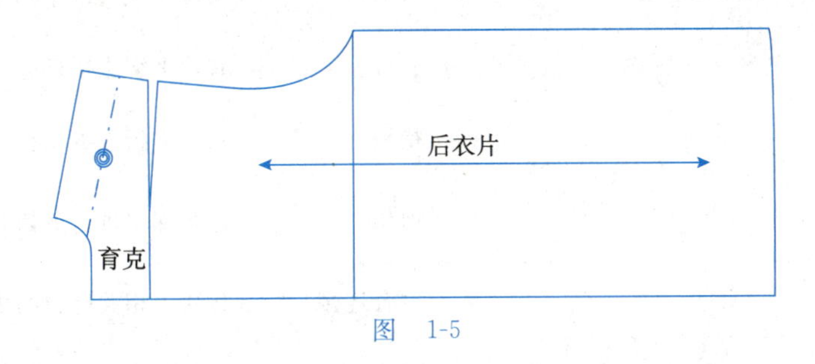

图 1-5

(19) 袖头:也称袖克夫,袖子下端收紧拼接的部位。

(20) 驳头:领子里襟上部向外翻折外露的部位,通常是指西装上衣的领子(图 1-6)。

(21) 驳角:驳头的角度形状(图 1-6)。

(22) 领角:前领与驳头相交所呈现的夹角形状(图 1-6)。

(23) 串口线:领面与驳头面的缝合线段(图 1-6)。

（24）驳口线：驳头翻折的线（图 1-6）。

（25）纱向：纺织原料的纬向和经向，有横、直、斜纱向之分。

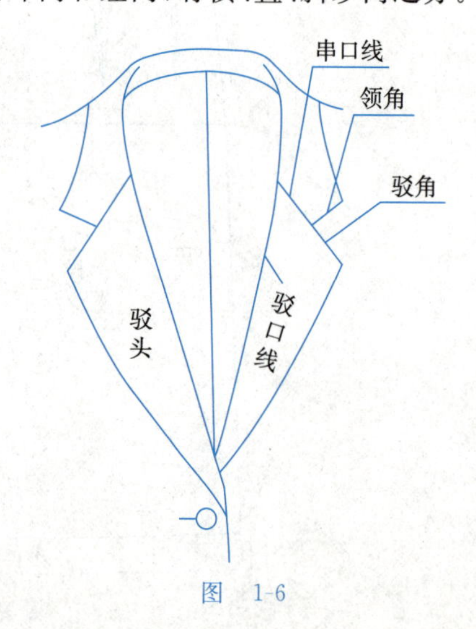

图 1-6

二、服装结构制图符号名称

常见服装结构制图符号名称见表 1-1。

表 1-1 常见服装结构制图符号名称

序号	符号形式	名称	用途说明
1	①	顺序号	制图时的先后顺序
2	○◎●△▲	等量号	两个部位的规格尺寸相同
3		等分号	某部位线段的平均等分
4		省缝	衣片上缝去的部分
5		褶裥	衣片上折叠的部分
6		剪切展开	将某部位进行剪切并展开
7		拼合连接	裁片中相关部位的拼合与连接
8		直角	两条线相交的部位呈 90°
9		归拢	裁片某部位需熨烫归拢
10		拔伸	裁片某部位需熨烫拔开、伸长
11		扣眼位	锁扣眼的位置

续表

序号	符号形式	名称	用途说明
12	⊕	钉扣位	钉纽扣的位置
13	←——→	经向	表示纺织原料的经向(纵向)
14	——→	顺向	表示毛绒的顺向(排料方向)
15	- - - - - - - -	缉明线	缝合时缉明线的标记
16	～～～～	缩缝	裁片中需抽缩的部位
17	→| |← |—|—— |← →|	间距线	该部位两点间的距离
18		重叠	两裁片交叉重叠且长度相等的部位

三、服装结构制图主要部位代号名称

服装结构制图主要部位代号名称见表 1-2。

表 1-2 服装结构制图主要部位代号名称

序号	中　文	英　文	代　号
1	长度	length	L
2	腰围	waist girth	W
3	腰围线	waist line	WL
4	臀围	hip girth	H
5	中臀围线	middle hip line	MHL
6	臀围线	hip line	HL
7	膝盖线	knee line	KL
8	上裆长(股上)	crotch depth	CD
9	股下	inside length	IL
10	前裆	front rise	FR
11	后裆	back rise	BR
12	脚口	slacks bottom	SB
13	裙摆	skirt hem	SH
14	前中心线	front center line	FCL
15	后中心线	back center line	BCL

续表

序号	中　文	英　文	代　号
16	前衣长	front length	FL
17	后衣长	back length	BL
18	头围	head size	HS
19	领围	neck girth	N
20	领围线	neck line	NL
21	胸围	bust girth	B
22	上胸围线	chest line	CL
23	胸围线	bust line	BL
24	下胸围线	under bust line	UBL
25	胸点	bust point	BP
26	前胸宽	front bust width	FBW
27	后背宽	back bust width	BBW
28	横肩宽	shoulder	S
29	颈前点	front neck point	FNP
30	颈后点	back neck point	BNP
31	颈肩点	side neck point	SNP
32	肩端点	shoulder point	SP
33	袖窿	arm hole	AH
34	袖长	sleeve length	SL
35	袖口	cuff width	CW
36	袖肥	bicpes circumference	BC
37	袖山	arm top	AT
38	肘线	elbow line	EL
39	肘长	elbow length	EL
40	前腰节长	front waist length	FWL
41	后腰节长	back waist length	BWL
42	翻领高	top collar width	TCW
43	底领高	band height	BH

在图 1-7 中分别标出轮廓线、结构线、劈势、胖势、凹势、困势、翘势、省的位置。

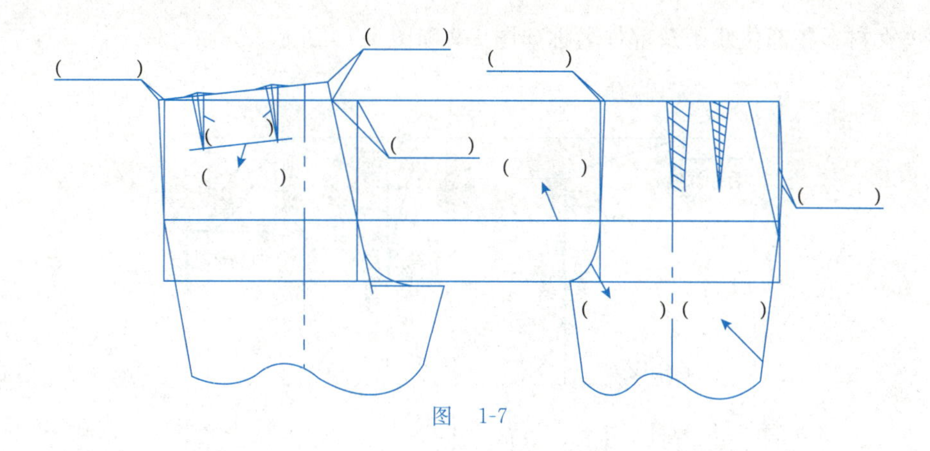

图　1-7

四、服装各部位线条名称

（1）男西裤各部位线条及部件名称如图 1-8 所示。

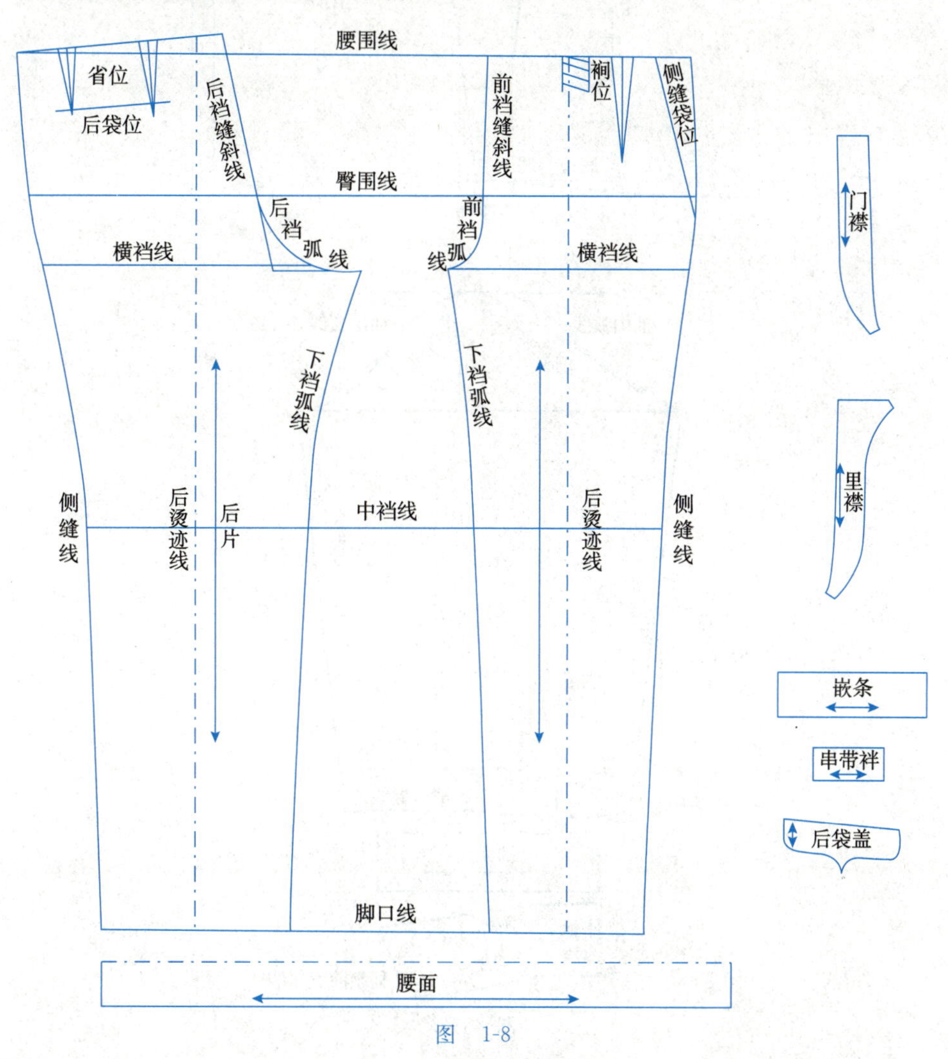

图　1-8

（2）女衬衫各部位线条及部件名称如图 1-9 和图 1-10 所示。

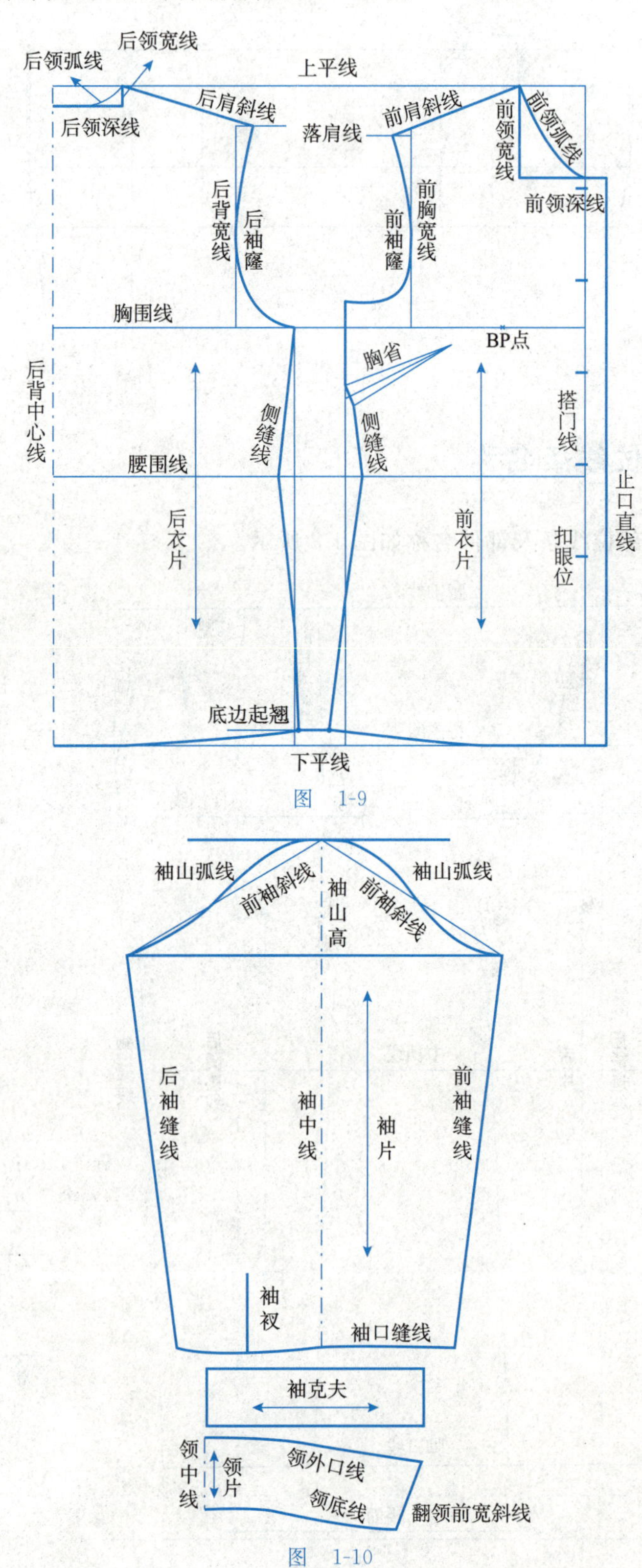

图 1-9

图 1-10

（3）四开身女外套各部位线条及部件名称如图 1-11 和图 1-12 所示。

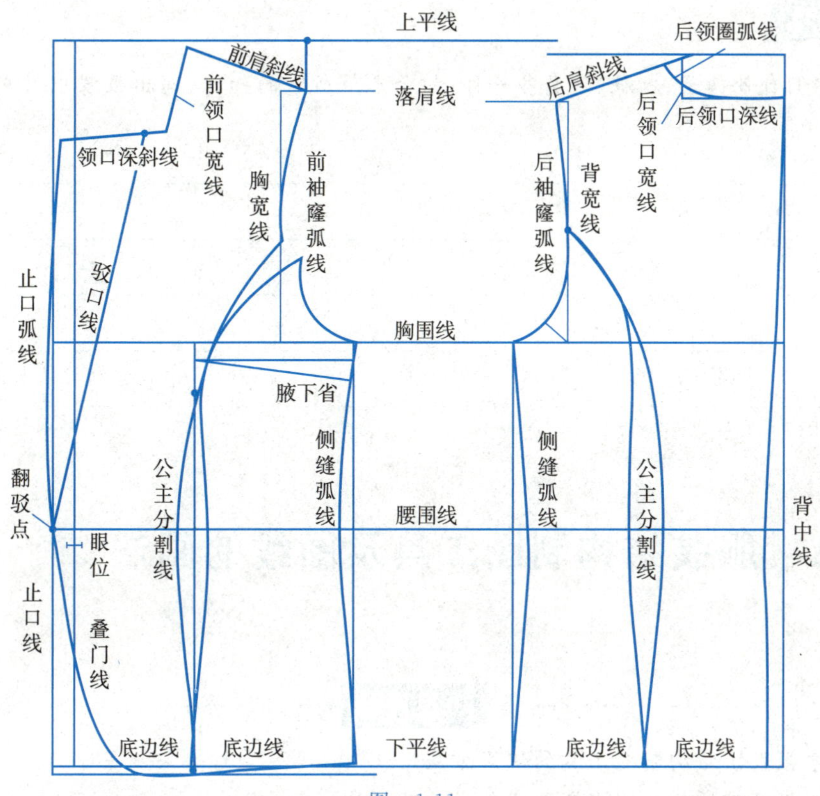

图 1-11

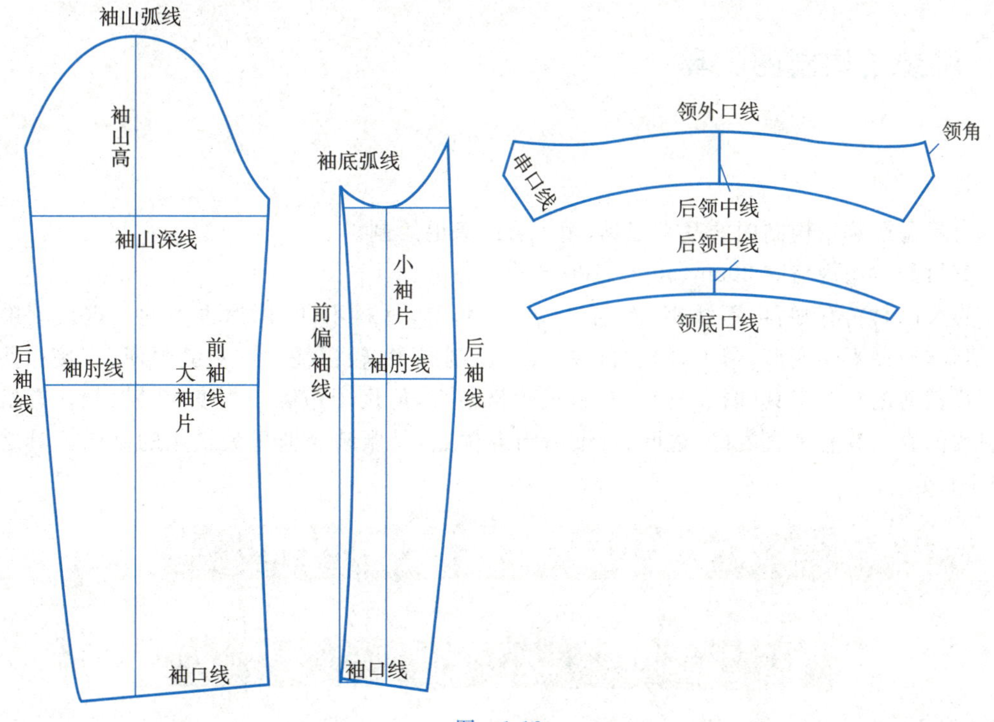

图 1-12

拓展与练习

请同学们自带裤子、衣服、外套各一件，结合本节所学的知识，写出服装中对应的各部位线条名称。

第二节　服装结构制图工具及图线的画法

知识目标

1. 掌握服装结构制图工具的使用方法。
2. 掌握服装结构制图中各图线的画法及用途。

一、服装结构制图工具

（一）尺

1. 直尺

直尺是服装结构制图的基本工具，用于直线条的绘制。

直尺的常用规格有 20cm、50cm、100cm 等。

直尺的材料有塑料、不锈钢、木、有机玻璃、竹等，材料不同，用途也不同。钢尺刻度准确、清晰，熨烫不会变形（图 1-13）。竹、木尺以市制居多，较粗糙，是“裁缝师傅”直接在面料上画样裁剪的常用工具（图 1-14）。塑料尺价格便宜，但尺子边缘与刻度容易磨损。有机玻璃材质的直尺具有平直度好、透明、刻度清晰等优点，是服装企业里最常用的制图工具之一（图 1-15）。

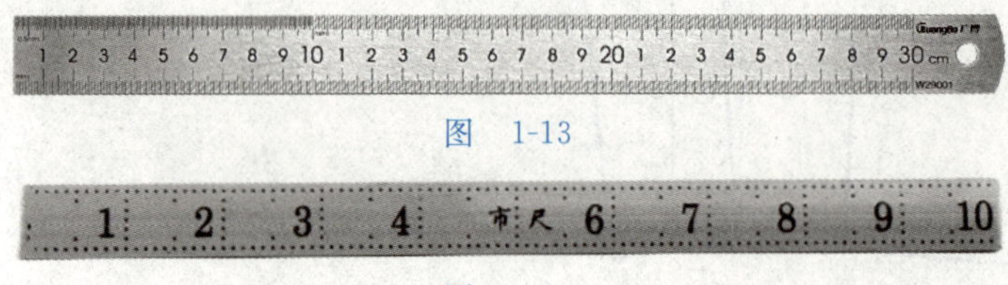

图　1-13

图　1-14

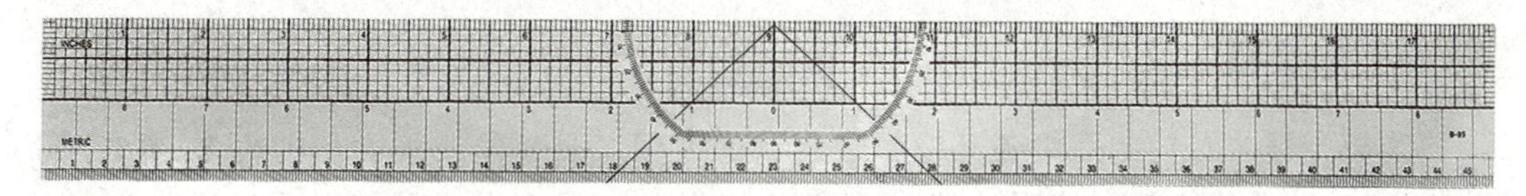

图 1-15

2. 角尺

角尺也称三角尺，是服装结构制图的常用工具，主要用于绘制垂直相交的线段。服装专用的角尺以 1∶5 比例为主，附有 1∶4 和 1∶3 比例，同时还带有曲线板、量角器，可用于缩小比例服装结构制图的绘制(图 1-16)。

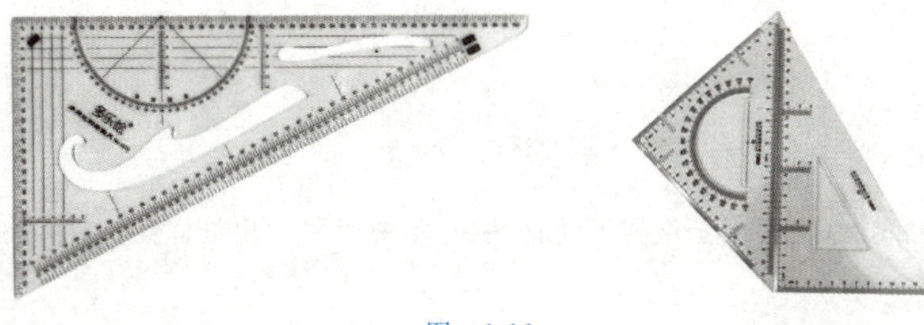

图 1-16

3. 软尺

软尺也称皮尺，主要用于测量人体以及测量服装纸样中的曲线长度，规格为 150cm(图 1-17)。

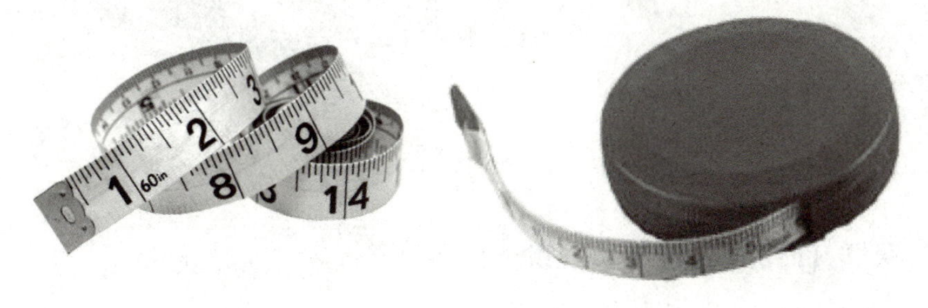

图 1-17

(二) 量角器

量角器是常用于测量角度的工具，材料有透明的塑料和有机玻璃。许多角尺或直尺中也会附有量角器(图 1-18)。

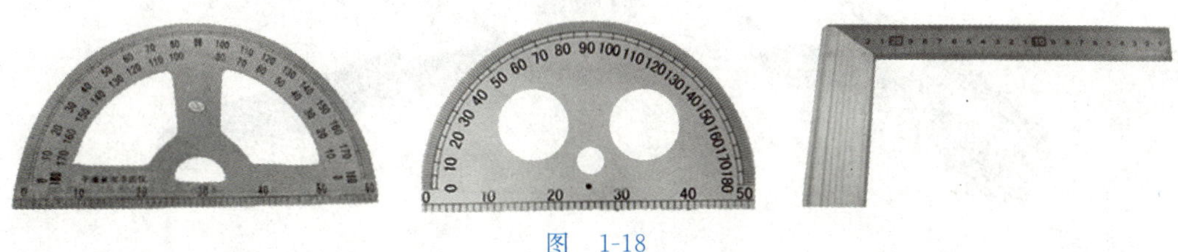

图 1-18

（三）曲线板

曲线板是服装结构制图中各部位弧线绘制的专用工具。曲线板的品种很多，有逗号形曲线板、多功能曲线板等。使用时，根据各部位的曲率大小，选择曲线板上吻合的部分，并绘制出弧线（图 1-19）。

图 1-19

（四）滚轮

滚轮也称点线器，主要用于做省道转移、裁片重叠时复制出纸样线迹（图 1-20）。

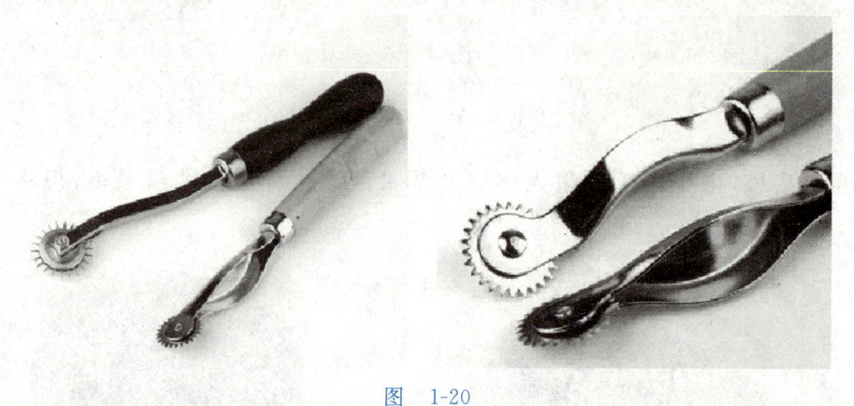

图 1-20

（五）缺口、打孔两用剪及缺口钳

缺口、打孔两用剪，也称两用缺口钳，刀口锋利，耐用性好，既可以在纸样边缘剪出 U 形缺口，也可以打孔，在样板上作出定位标记等；缺口钳，也称打样钳，主要用于在样板边缘作定位或对位标记处打剪口，剪口为 U 形缺口（图 1-21）。

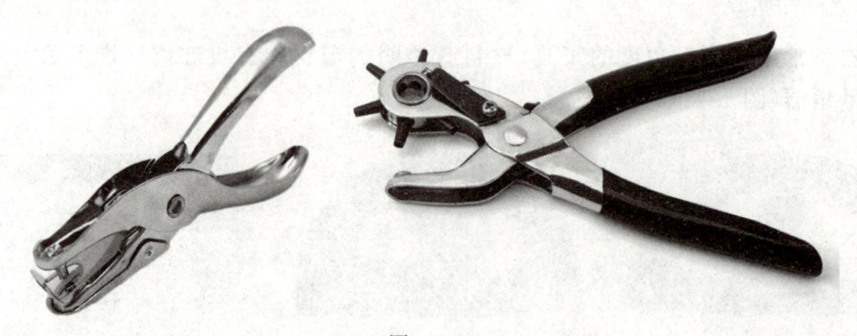

图 1-21

(六) 铅笔、橡皮及其他

绘图铅笔是绘制服装结构图的必备工具。绘图铅笔的笔芯有软硬之分，标号 HB 为中等硬度；标号 B～6B 笔芯逐渐转软，笔色渐黑，结构制图时容易涂开而使画面模糊、脏污；标号 H～6H 笔芯逐渐转硬，笔色细淡不容易修改。服装结构图应根据对线条的不同要求来选择使用绘图铅笔不同的标号。自动铅笔的笔芯硬度为 HB，笔芯直径有 0.5cm 和 0.7cm。橡皮的种类繁多，在服装结构制图中宜选用软质橡皮或专用绘图橡皮，去污效果较好。绘图铅笔、自动铅笔的笔芯和橡皮如图 1-22 所示。

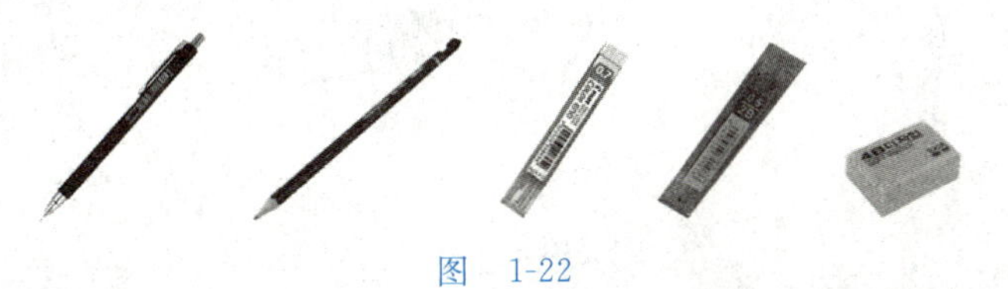

图 1-22

二、图线的画法

(一) 直线的画法

1. 直线的图线形式

直线的不同图线形式见表 1-3。

表 1-3 直线的不同图线形式

序号	图线名称	图线形式	图线宽度	用途
1	基础线	————	0.3	表示结构的基础线；尺寸界线和尺寸线；引出线
2	轮廓线	━━━━	0.9	表示服装和零部件的外轮廓线；部位轮廓线
3	点划线	-·-·-·-	0.3	对称对折线
4	双点划线	-··-··-	0.3	不对称折转线
5	粗虚线	━ ━ ━ ━	0.9	背面轮廓影示线
6	细虚线	- - - -	0.3	缝纫明线

2. 平行线绘制

服装结构绘图中，纱向一致的线条要相互平行，各平行线之间的距离相等。以西裤为例，结构中的腰围线、臀围线、横裆线、中裆线、脚口线之间要相互平行(图 1-23)。

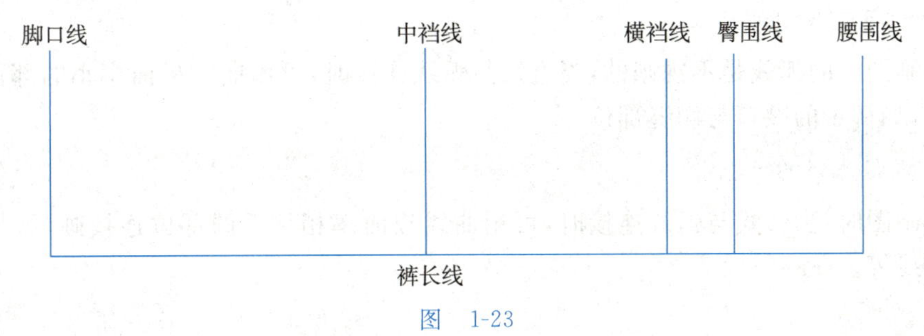

图 1-23

3. 垂直线绘制

服装结构制图中，经纬向要相互垂直，不能歪斜，否则会影响成品的质量。在结构图中，有时直线与弧线、弧线与弧线相交时也要相互垂直(图 1-24)。

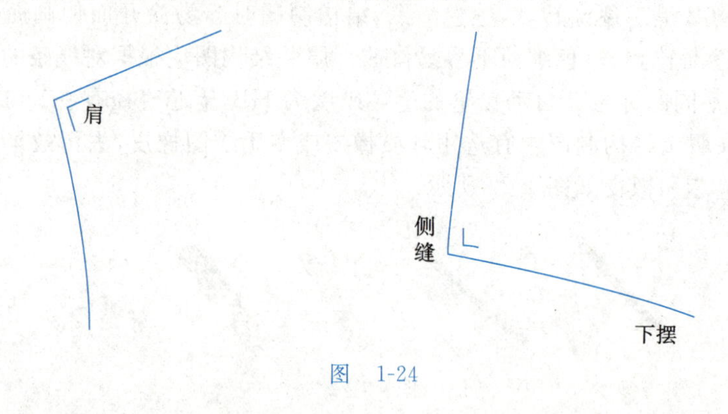

图 1-24

(二) 弧线的画法

1. 胖势与凹势

胖势是指结构制图时线条需要凸出的部分，如裙子、西裤上衣侧缝臀围线附近等(图 1-25)。

凹势是指结构制图时线条需要凹进的部分，如西裤的下裆弧线、前后裆弯、上衣的领圈、袖窿等部位(图 1-26)。

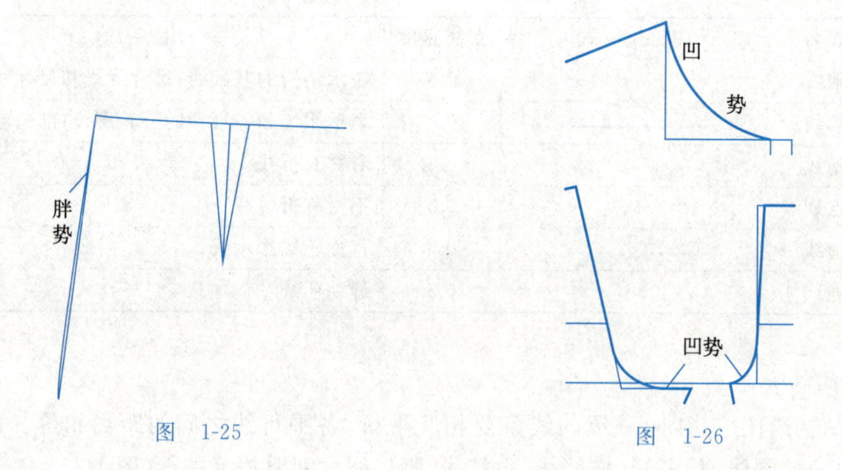

图 1-25　　图 1-26

2. 直线与弧线的连接

结构制图中的弧线是不规则的，当直线与弧线连接时，可用曲线板曲率小的部位与直线相切画顺，如裤子的腰口与侧缝部位。

3. 弧线与弧线的连接

结构制图时，当弧线与弧线连接时，可用曲线板曲率相接近的部位连接画顺，如袖子的前偏袖缝线等。

拓展与练习

(1) 结合本节所学知识，能熟练运用服装结构工具绘制结构图。

(2) 练习各部位弧线的画法。

第三节　人体测量的部位与方法

知识目标

1. 了解并熟悉人体基础结构及人体各基准点的位置。
2. 了解测量人体的基本工具。
3. 掌握正确的测量方法及步骤。

一、测量工具

(一) 软尺

软尺也称卷尺，是测量人体最主要的基本工具，要求刻度清晰，质地柔软，稳定不伸缩。

(二) 人体测高仪

人体测高仪是一种应用较广的人体测量仪器，由一杆刻度以毫米为单位，垂直安装的尺，以及一把可活动的水平游标组成。

二、测量方法

(1) 使用软尺测体时，要适度地拉紧软尺，不宜过松或过紧。

(2) 测体时要求被测者保持自然，不挺胸、低头等，并身穿贴身内衣，在赤足的情况下进行测量，以免影响准确性(图 1-27)。

(3) 做好测量后的数据记录，每个部位尺寸都应采用厘米。

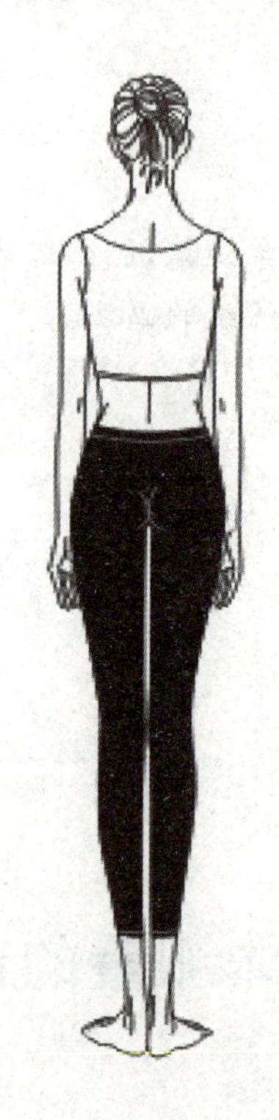

图 1-27

三、测量部位

根据国家标准《服装人体测量部位与方法的规定》(GB/T 16160—2017),人体测量的部位有17个垂直部位和8个水平部位。

(一) 垂直部位

(1) 身高:立姿赤足,用人体测高仪测量从地面到头顶的垂直距离(图1-28)。

(2) 颈椎点高:立姿赤足,用软尺(卷尺)测量从第七颈椎点沿背部脊柱曲线至臀围线再垂直至地面的距离(图1-28)。

(3) 颈椎点高(直线测量):立姿赤足,用人体测高仪测量从第七颈椎点至地面所得的垂直距离(图1-28)。

(4) 膝高:立姿赤足,用人体测高仪测量地面至膝部(胫骨)的垂直距离(图1-29)。

(5) 颈椎至膝弯长:立姿,用软尺(卷尺)测量从第七颈椎点沿背部脊柱曲线至臀围线,再垂直至膝弯处(胫骨)所得的垂直距离(图1-29)。

(6) 颈椎至膝弯长(直线测量):立姿赤足,用人体测高仪测量从第七颈椎点至膝弯处(胫骨)所得的垂直距离(图1-29)。

(7) 腰围高:立姿赤足,用人体测高仪在体侧测量从腰际线至地面所得的垂直距离(图1-30)。

(8) 腰至臀长:立姿,用软尺(卷尺)在体侧测量从腰际线沿臀部曲线至大转子点(股骨)所得的距离(图1-30)。

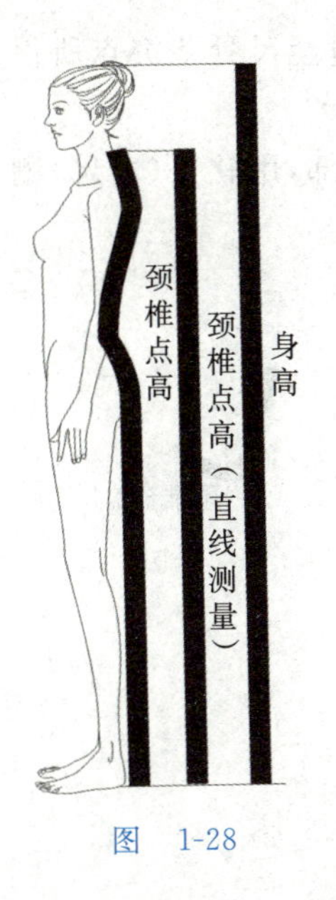

图　1-28

图　1-29

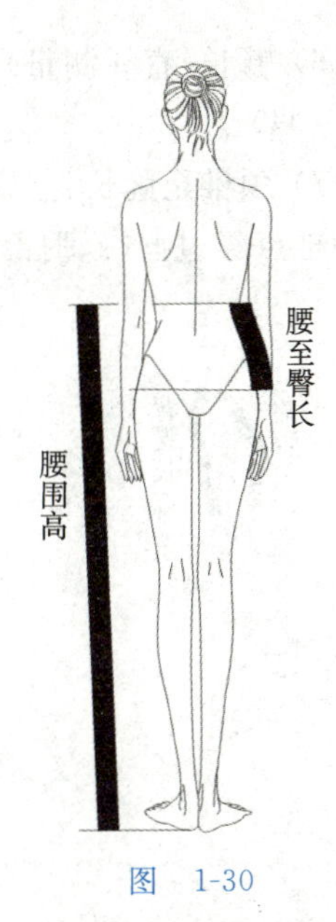

图　1-30

(9) 腿外侧长：立姿赤足，用软尺（卷尺）在体侧测量从腰际线沿臀部曲线至大转子点（股骨），然后垂直量至地面所得的距离（图 1-31）。

(10) 上臂长：立姿，右手握拳，手臂弯曲呈 90°放在体侧臀部，用软尺（卷尺）测量从肩峰点至肘部所得的距离（图 1-31）。

(11) 颈肩点至乳峰点长：立姿，用软尺（卷尺）测量从肩颈点至乳峰点所得的距离（图 1-31）。

(12) 坐姿颈椎点高：坐姿，大腿保持水平状态，用人体测高仪测量从第七颈椎点至凳面所得的垂直距离（图 1-32）。

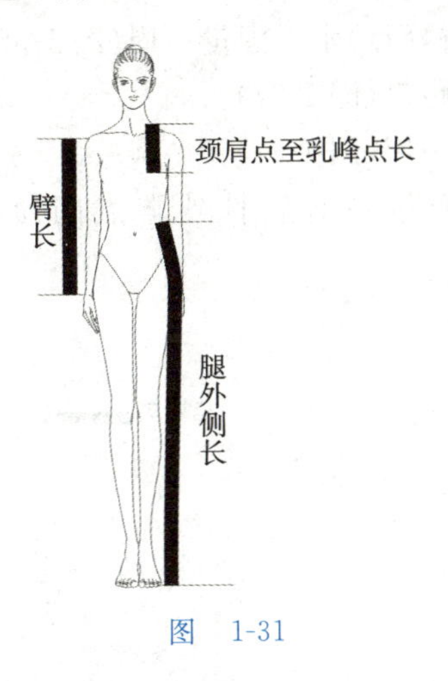

图　1-31

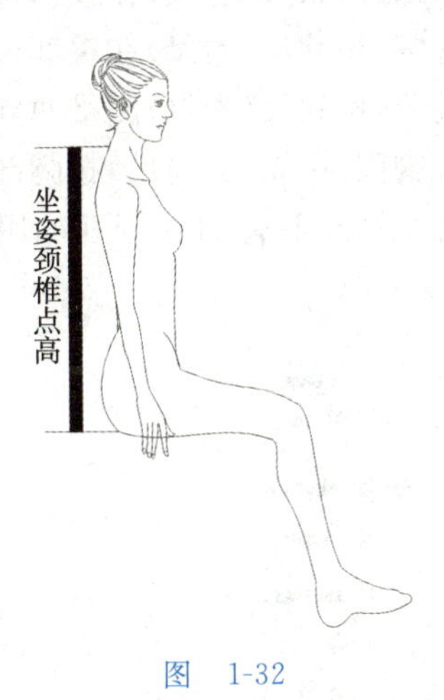

图　1-32

(13) 前腰长：立姿，用软尺（卷尺）测量从肩颈点经过胸部最高点至腰围线所得的距离（图 1-33）。

(14) 背腰长：立姿，用软尺（卷尺）测量从第七颈椎点至腰围线所得的距离（图 1-33）。

(15) 臂长：立姿，右手握拳，手臂弯曲成 90°放在体侧臀部，用软尺（卷尺）测量从肩峰点经过肘部量至尺骨茎突点所得的距离（图 1-34）。

(16) 臂长(直线测量):立姿,手臂自然下垂,从肩骨外端向下量至尺骨茎突点所得的距离(图 1-34)。

(17) 颈椎至腕长:立姿,右手握拳,手臂弯曲成 90°放在体侧臀部,用软尺(卷尺)测量从第七颈椎点经过肩峰、肘部量至尺骨茎突点所得的距离(图 1-35)。

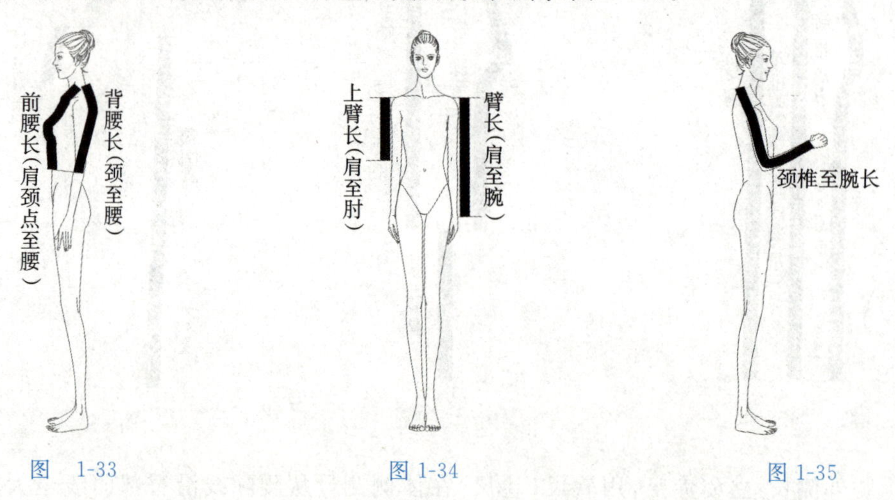

图 1-33　　图 1-34　　图 1-35

(二) 水平部位

(1) 头围:用软尺(卷尺)水平围量头部最大围量一周(图 1-36)。

(2) 颈围:用软尺(卷尺)在第七颈椎点处绕颈围量一周(图 1-36)。

(3) 胸围:用软尺(卷尺)在胸部最丰满处(经过乳峰点)水平围量一周(图 1-36)。

(4) 腰围:用软尺(卷尺)在腰部最细处水平围量一周(图 1-36)。

(5) 臀围:用软尺(卷尺)在臀部最丰满处(经过臀峰点)水平围量一周(图 1-36)。

(6) 乳距:用软尺(卷尺)测量两乳峰之间所得的距离(图 1-37)。

(7) 下胸围:用软尺(卷尺)在胸部下方水平围量一周(图 1-37)。

(8) 总肩宽:手臂自然下垂,用软尺(卷尺)测量左右肩骨外端点间所得的弧长(图 1-38)。

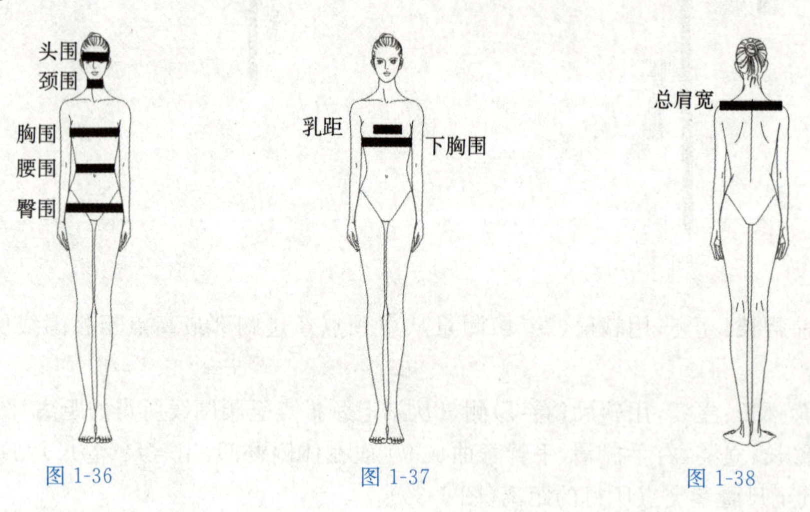

图 1-36　　图 1-37　　图 1-38

拓展与练习

根据本节所学内容，课后至少对两名以上的同学进行测量，记录并填写完成表1-4。

表1-4 人体主要部位测量数据 单位：cm

姓名										
部位	身高	腿外侧长	前腰长	后腰长	臂长	颈围	总肩宽	胸围	腰围	臀围
规格										
姓名										
部位	身高	腿外侧长	前腰长	后腰长	臂长	颈围	总肩宽	胸围	腰围	臀围
规格										

第四节 服装结构制图的步骤

知识目标

了解并掌握绘制服装结构制图的步骤。

服装结构制图是样板制作中的重要环节，制图的步骤如下。

1. 先定长度线，再定宽度线，后画弧线

在绘制结构图时，制图的顺序一般是先定长度线（纵向基础线）。以女衬衫结构为例，即先确定上平线、底边线、胸围线、腰围线及后领深线等纵向基础线，如图1-39所示。再定宽度线（横向基础线），即衬衫的后领宽线、肩宽线、后背宽线、胸围等横向基础线。这样衬衫的框架图基本已画定，如图1-40所示。结构制图时一定要做到长度（经向）与宽度（纬向）的线条（纱向）要相互垂直。最后根据款式的要求，将各部位轮廓线条用弧线连接画顺，如图1-41所示。

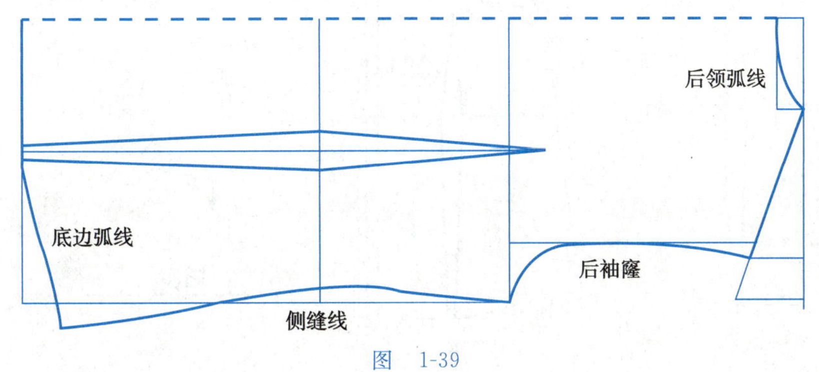

图 1-39

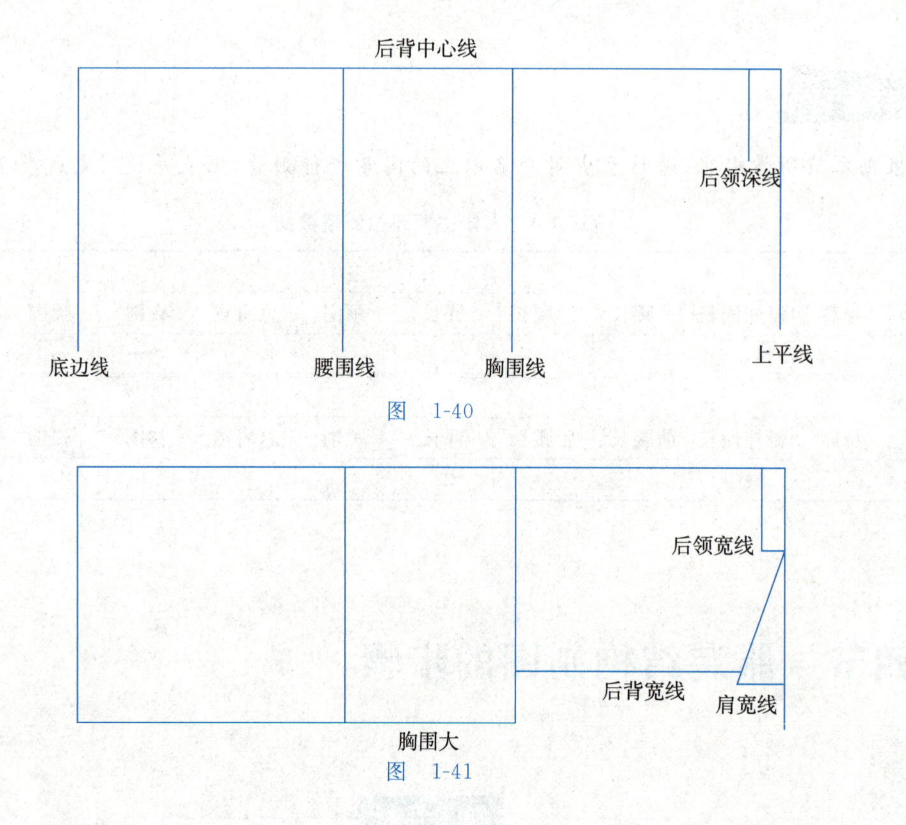

图 1-40

图 1-41

2. 先画主部件，后画零部件

在绘制结构图时，要先画主部件。上装的主部件有前后衣片、大小袖片，下装的主部件有前后裤片（前后裙片）；上装的零部件有领子、挂面、袖克夫、口袋、袋盖等，下装的零部件有腰头、门里襟、袋垫等。由于主部件的裁片面积较大，对纱向的要求较高，因此先画主部件是有利于合理排料的（图 1-42）。

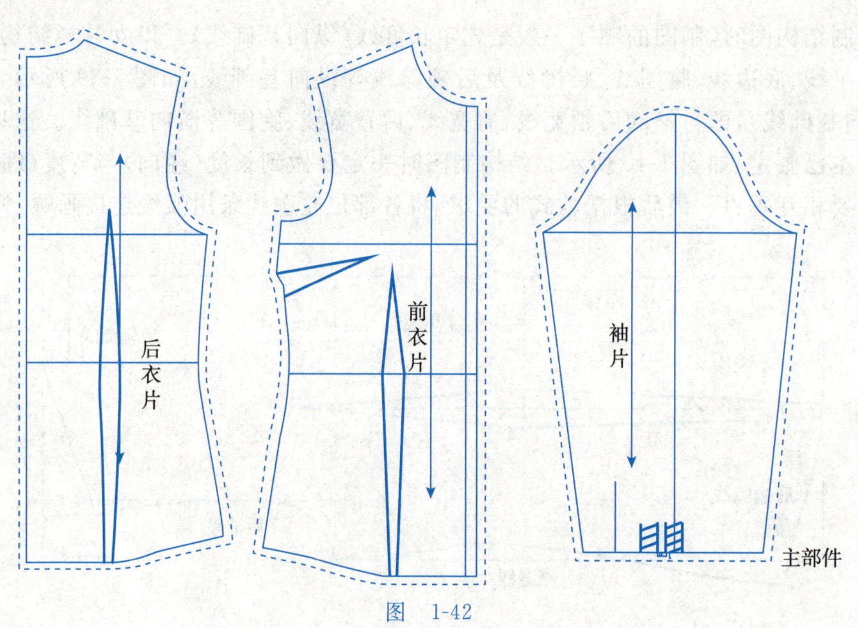

图 1-42

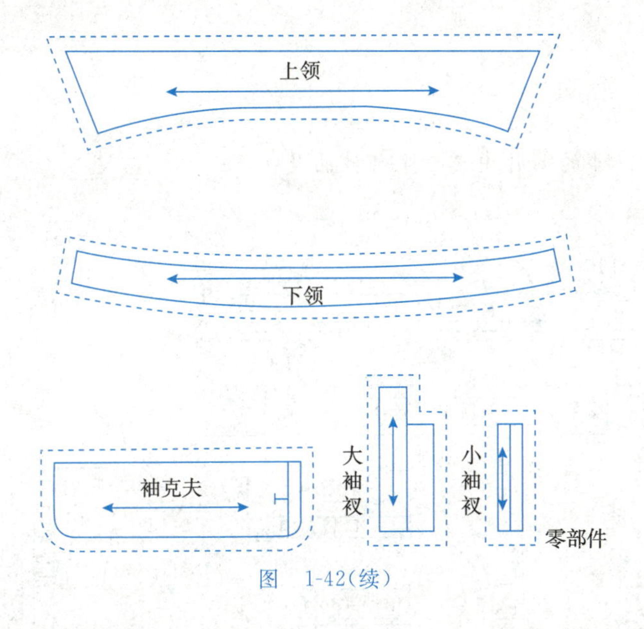

图 1-42(续)

3. 先画轮廓线,再画结构线,后标注尺寸

一件服装除轮廓线外,上衣或裤装的内部结构还有省、裥或分割线位置,以及扣眼和袋位等。结构制图时应先绘制轮廓线结构图,再绘制内部结构线。上衣的内部结构也要按顺序制图,如中山装、男女西装前衣片结构制图时,一定要先画出扣眼位置,再定胸袋、胸腰省位置,然后定出大袋位置,最后画肋省。在完成外轮廓线以及内部结构线之后,再进行各部位规格尺寸标注。

4. 先画净样,后画毛样

根据服装款式造型以及纸样的规格尺寸,准确绘制好纸样的净样板,然后依据缝制工艺的要求加放缝头。毛样板是可直接用于排料的裁剪样板(图 1-43)。

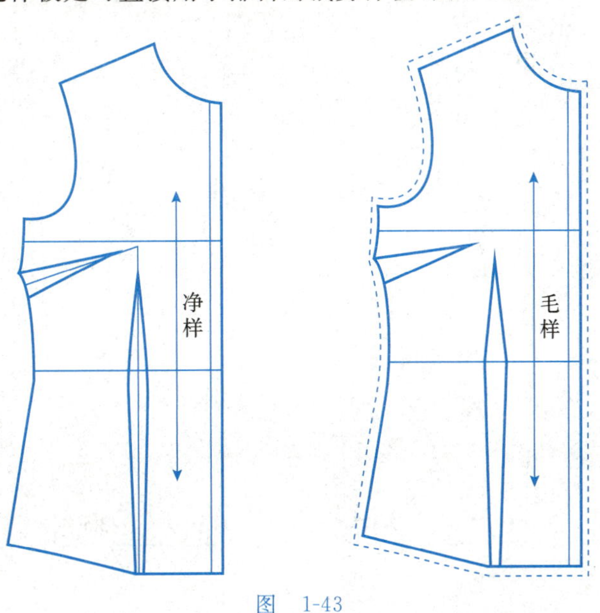

图 1-43

拓展与练习

（1）找一找图 1-44 的裁片中属于主部件的是：＿＿＿＿＿＿、＿＿＿＿＿＿；属于零部件的是：＿＿＿＿、＿＿＿＿、＿＿＿＿、＿＿＿＿、＿＿＿＿、＿＿＿＿。

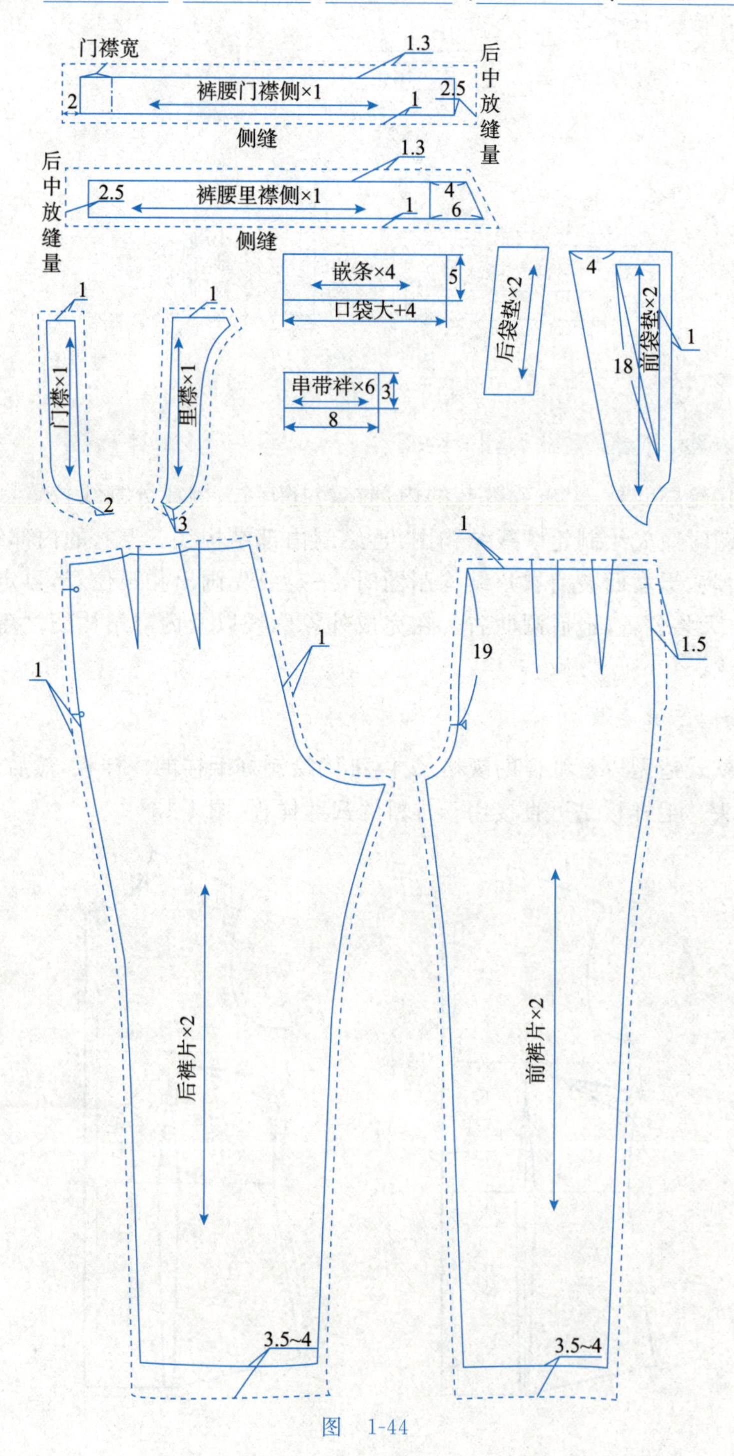

图　1-44

（2）绘制裙子结构的基本步骤是什么？

实 践 篇

第二章
下装结构制图

导读

本章主要学习下装的结构制板。通过加强实践动手能力，开展多层次的教学实践训练，使学生熟练掌握裙装、裤装的制图方法、步骤、计算公式以及放缝；了解西裤各部位的造型变化；重点分析裙装、裤装的制图要点。通过本章的学习，使学生树立严谨、规范和科学的学习态度。

第一节　裙装结构制图

任务目标

1. 了解西服裙、一步裙的款式特点和面料选择。
2. 熟练掌握西服裙、一步裙的制图方法和制图步骤。
3. 掌握西服裙、一步裙的放缝以及主要部位的计算公式。

一、西服裙

（一）西服裙的款式特点

西服裙的款式特点如下：装直腰，下摆略展开；前中设一阴褶来增大人体下肢的活动量，褶裥的上端缉线封口；前片腰口左右各收一个省，隐形拉链装在右侧缝上端，后片腰口左右各收两个省（图 2-1）。西服裙是女性在职场搭配西装的一种经典直裙样式，面料要具有较好的悬垂性以及不易褶皱、挺括等特性，如凡立丁、花呢、华达呢等。

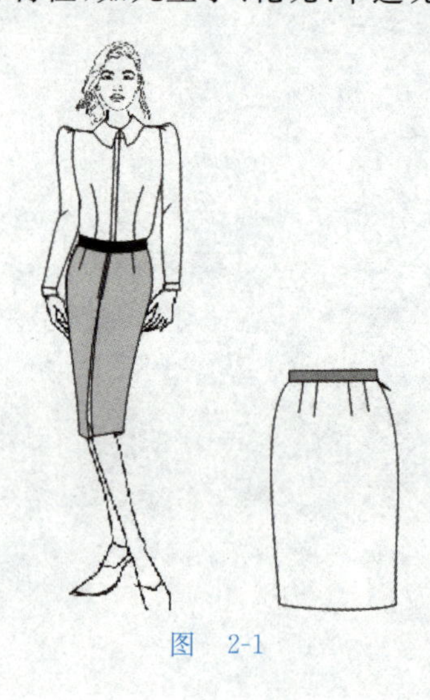

图　2-1

（二）制图规格

西服裙样板制图规格见表 2-1。

表 2-1　西服裙样板制图规格　　单位：cm

号型	裙长（L）	腰围（W）	臀围（H）	腰臀距	腰宽
160/66A	68	66	92	18	3

（三）西服裙结构制图

1. 前后片基础线制图

1）绘制前片长度线条

（1）定裙长线：长度为裙长－腰宽。

（2）定上平线：垂直于裙长线，位于该线的最上端，即腰围线。

（3）定下平线：垂直于裙长线，位于该线的最下端，即摆围线。

（4）定臀围线：自腰围线水平向下量取 18cm，并垂直于裙长基础线。

（5）定腰围起翘线：自腰围线水平向上量取 0.7cm 作平行线。

要点提示

由于人体的后腰围小于前腰围，因此当臀围大以四等分分配时，前腰围应为 $W/4+0.5$（吃势量）$+1$（前后差）＋省，后腰围为 $W/4+0.5$（吃势量）-1（前后差）＋省；或前后腰围大均为 $W/4$ 时，臀围应采用 $H/4\pm1$（前加后减）。

2）绘制前片宽度线条

绘制前片宽度线条如图 2-2 所示。

（1）定前中褶裥大：自裙长线水平向内量取 10cm 为褶裥量。

（2）定前臀围大：自裙长线距离 $H/4$ 作平行线。

（3）定前中劈势：自前腰中点向内劈进 0.5cm，劈势量相交于腰围线。

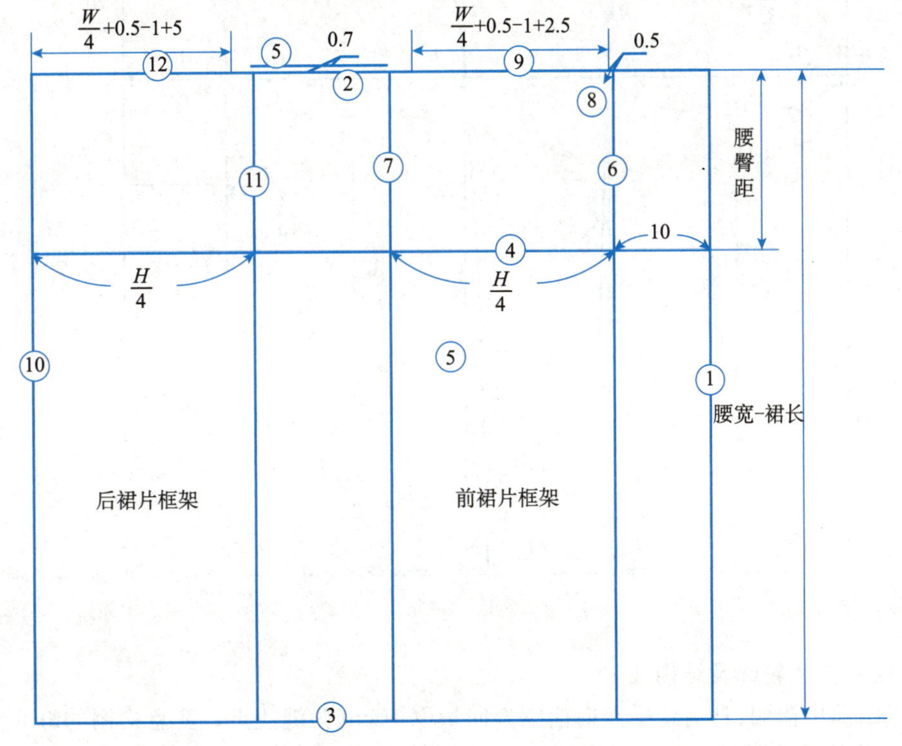

图 2-2

(4) 定前腰围大：自前中劈势点向侧缝方向量取 $W/4+0.5$(吃势量)$+1$(前后差)+省。

要点提示

西服裙前中褶裥，裥量的大小可根据款式和面料而定，一般不小于 8cm。

臀围大可以采用四等分进行分配；也可以采用前片 $H/4+1\text{cm}$，后片 $H/4-1\text{cm}$，后者的分配方法可将侧缝往后移，保证裙装正面造型的整体感。

3) 绘制后片长度线条

定后中线：延长腰围线、摆围线、臀围线、腰围起翘线，后中线垂直于以上线条。

4) 绘制前后片宽度线条

(1) 定后中线：垂直于裙长线一定距离作平行线。

(2) 定后臀围大：自后中线距离 $H/4$ 作平行线。

(3) 定后腰围大：自后中线向侧缝方向量取 $W/4+0.5$(吃势量)-1(前后差)+省。

2. 前后片轮廓线制图

前后片轮廓线制图如图 2-3 所示。

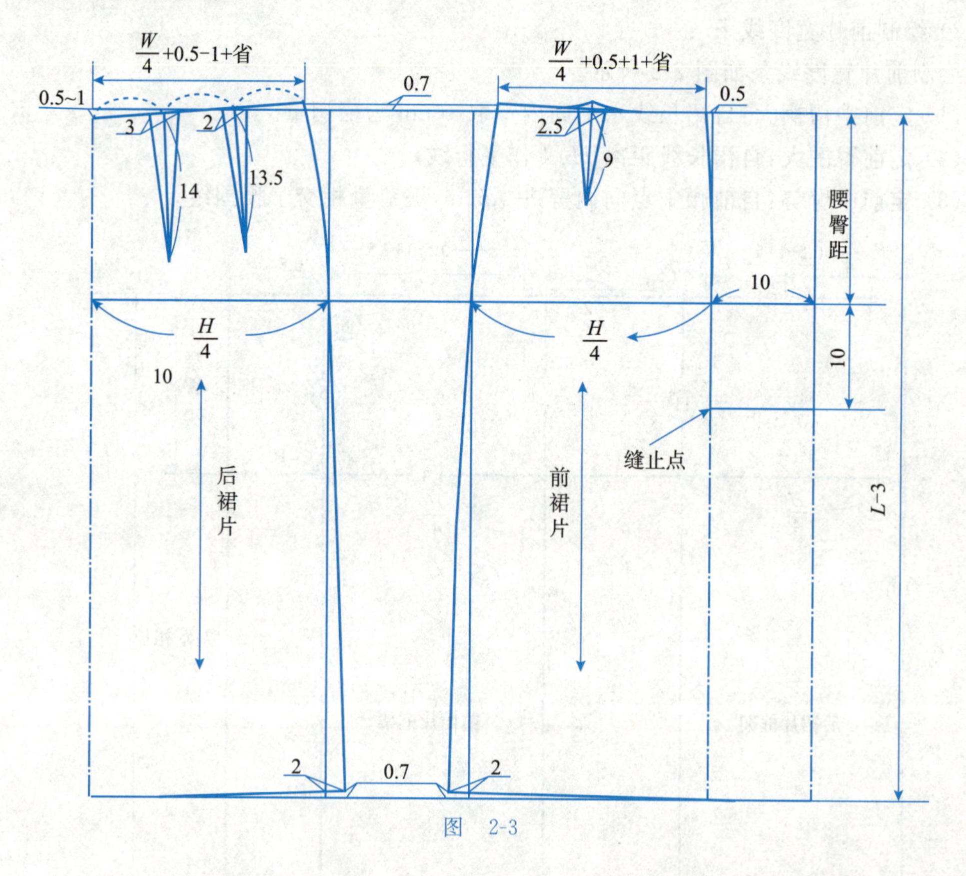

图 2-3

1) 绘制前片轮廓及结构线

(1) 画前中褶裥：自前臀中点向摆围方向量取 10cm 为缝止点。注意褶裥的缝止点应考虑人体下肢的活动因素，至少能保证正常的步幅。

要点提示

(1) 人体前侧最突出处约位于腰围线与臀围线的中间(中臀围线)处，因此前腰省长度不超过中臀围线。

(2) 省量应控制在1.5～3cm。省量过大，会使省尖过于尖凸，即使熨烫处理也难以消失；省量过小，会起不到收省的效果。

(2) 画前中劈势：将前中劈势点与前臀中点连接并画顺。

(3) 画前腰弧线：自前中劈势点至前腰侧起翘点以弧线连接画顺。

(4) 画侧缝上端弧线：自前腰侧起翘点至前臀侧点以弧线连接画顺，前腰弧线与前侧缝上端弧线呈近似直角，下端与侧缝直线顺畅连接。

(5) 画侧缝下端弧线：底边偏出2cm，抬高0.7cm，用直线连接画顺，可略向外弧。

(6) 画下摆围弧线：要求下摆围线与侧缝线呈垂直夹角。

(7) 画省：将前腰围大二等分确定省的位置，省长9cm，省大2.5cm，与腰口线垂直。

要点提示

人体后侧最突出处是在臀围线上，因此后腰省长度可以接近至臀围线。

(8) 省道修正：两侧省中线与省根线向上延长，分别与前腰中点及前腰侧起翘点连接画顺，使前腰弧线与省根线的夹角近似90°，并把前腰省制成瘦省。作图方法见放大图(图2-4)。

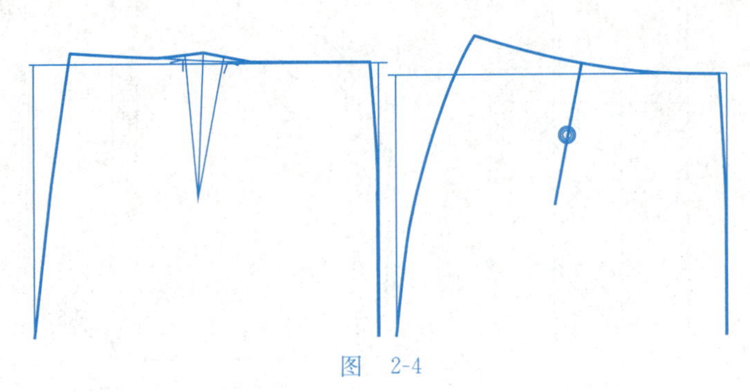

图　2-4

2) 绘制后片轮廓及结构线

(1) 画后腰弧线：腰围线与后中心线交点低落0.5～1cm，确定后腰中点，然后将后腰中点与后腰侧起翘点以弧线连接画顺。

(2) 画侧缝上端弧线：自后腰侧起翘点至后臀侧点以弧线连接画顺，后腰弧线与后侧缝上端弧线呈近似直角，下端与侧缝直线顺畅连接。

(3) 画侧缝下端弧线：底边偏出2cm，抬高0.7cm，用直线连接画顺，可略向外弧。

(4) 画下摆围弧线：要求下摆围线与侧缝线呈垂直夹角。

(5) 画省：将后腰围大三等分确定两只后省的位置，侧缝省长13.5cm，省大2cm；后缝省长14cm，省大3cm，与腰口线垂直，省道修正方法同前裙片，并把后腰省绘制成胖省。

3. 裙腰制图

裙腰制图如图 2-5 所示。

定长方形框架：长度为腰围，宽度为腰宽 3cm，定长方形。一侧腰宽中点垂直向外 1.2cm 定宝剑头高度，另一侧加 3cm 为里襟宽。

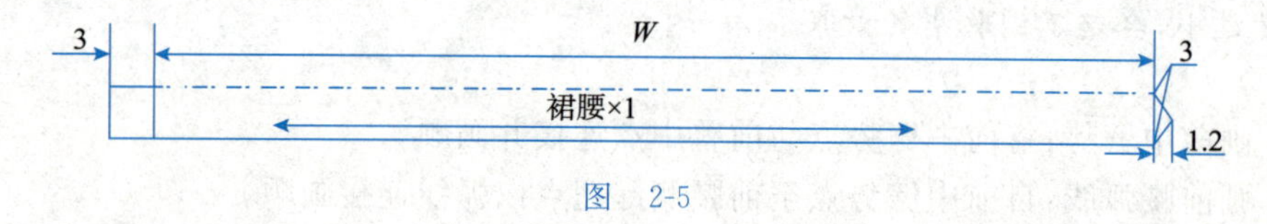

图 2-5

4. 西服裙放缝图

西服裙放缝图如图 2-6 所示。

(1) 前后裙片的腰口弧线以及裙腰四周均放缝 1cm。

(2) 前后裙片的右侧缝装隐形拉链处放缝 1.5cm。

(3) 前后裙片的底边放缝为 3～4cm。

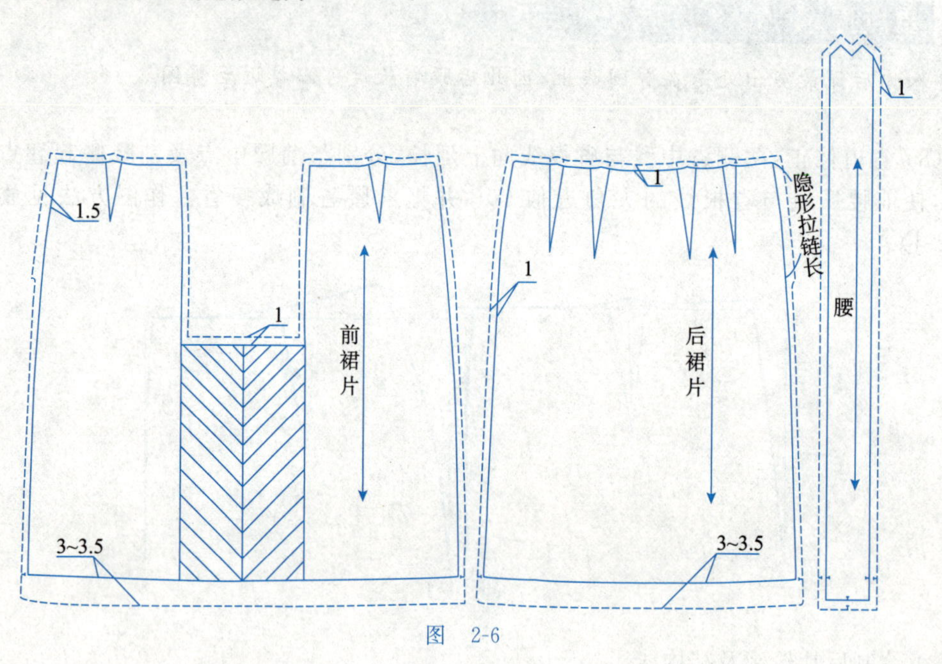

图 2-6

5. 西服裙样板名称及裁片数量

西服裙样板名称及裁片数量见表 2-2。

表 2-2 西服裙样板名称及裁片数量

序号	裁片种类	名称	数量/片	备 注
1	主部件	前裙片	1	—
2		后裙片	1	—
3	零部件	裙腰	1	若后中分开需 2 片

拓展与练习

(1) 按 1∶1 比例默写西服裙结构制图。

(2) 结合所学知识，通过各种渠道(如电视剧、时尚杂志、市场)调研，选择 2～4 款不同款式的正装裙进行结构设计，画出设计图，参考款式如图 2-7 所示。

图　2-7

二、一步裙

（一）一步裙的款式特点

一步裙的款式特点如下：装直腰，下摆略收，裙长至膝，前片腰口左右各收两个省，后中心线分割，下端设开衩，上端装隐形拉链。根据人体下肢的活动需要，开衩位置高低也有所不同。由于一步裙外观简练，造型优雅，裙型贴身，其下摆也可以根据造型需要在侧缝处每片收入1～1.5cm，如图2-8所示。

要点提示

由于一步裙一般是中高档职业装，面料要具有自然雅致的色调、较好的悬垂性等优点，如派力司、凡立丁、华达呢、哔叽等。

图 2-8

（二）制图规格

一步裙的制图规格见表2-3。

表2-3 一步裙的制图规格　　单位：cm

号型	裙长（L）	腰围（W）	臀围（H）	腰臀距	腰宽
160/64A	60	64	92	18	3

（三）一步裙结构制图

1. 前后片基础线制图

前后片基础线制图如图2-9所示。

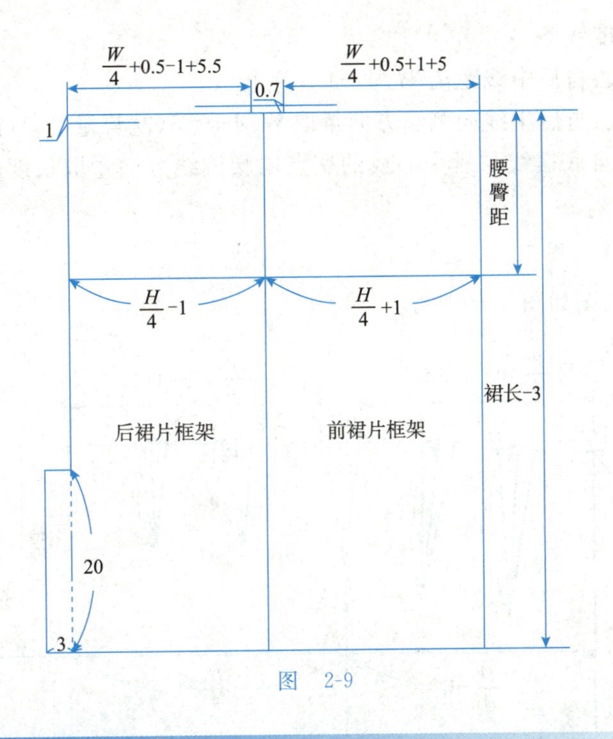

图　2-9

要点提示

侧缝腰口起翘 0.7cm 是为了与腰口线垂直。

1）绘制前片长度线条

（1）定裙长线：长度为裙长－腰宽。

（2）定上平线：垂直于裙长线，位于该线的最上端，即腰围线。

（3）定下平线：垂直于裙长线，位于该线的最下端，即摆围线。

（4）定臀围线：自腰围线水平向下量取 18cm，并垂直于裙长基础线。

（5）定腰围起翘线：自腰围线水平向上量取 0.7cm 作平行线。

要点提示

前腰围大 $W/4+0.5+1+$省，公式中的 0.5cm 是指一步裙腰围的吃势量。

2）绘制前片宽度线条

（1）定前臀围大：自裙长线距离 $H/4+1$ 作平行线。

（2）定前腰围大：自前腰中点向侧缝方向量取 $W/4+0.5+1+$省。

3）绘制后片长度线条

定后中线：延长腰围线、摆围线、臀围线、腰围起翘线，后中线垂直于以上线条。

要点提示

为满足人体下肢的活动需要，一步裙后中采用开衩形式。

4）绘制后片宽度线条

（1）定后臀围大：自后中线距离 $H/4-1$ 作平行线。

（2）定后腰围大：自后中线向侧缝方向量取 $W/4+0.5$（吃势量）-1（前后差）＋省。

（3）定后衩位：自底摆线与后中心线的交点向腰围线方向量取长度 20cm，宽度 3cm 作一矩形。

2. 前后片轮廓线制图

前后片轮廓线制图如图 2-10 所示。

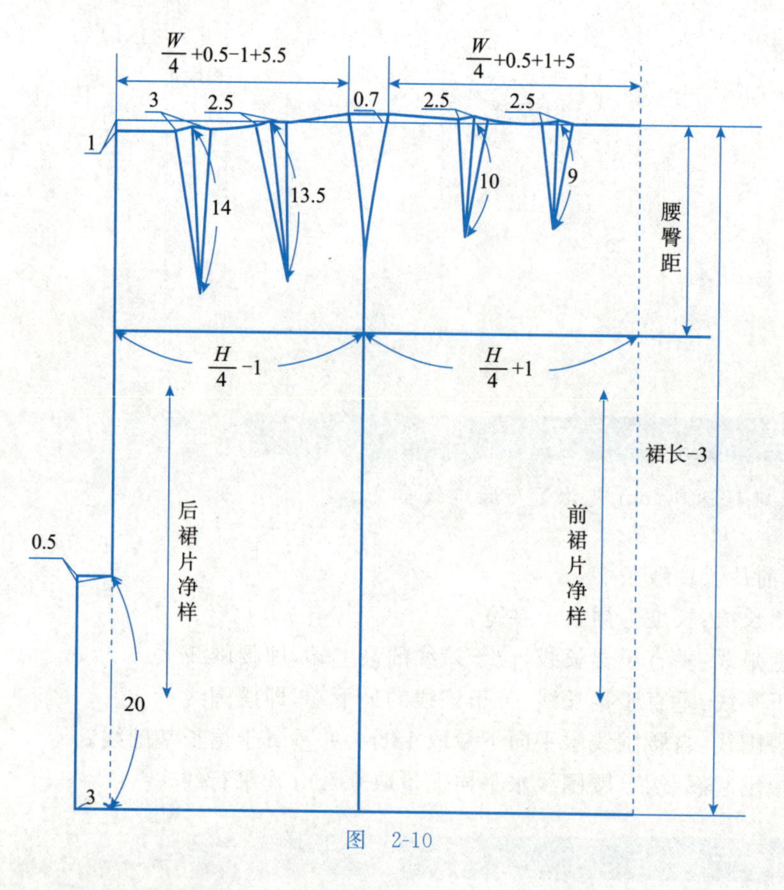

图 2-10

1）绘制前片轮廓及结构线

（1）画前腰弧线：自前中劈势点至前腰侧起翘点以弧线连接画顺。

（2）画侧缝上端弧线：自前腰侧起翘点至前臀侧点以弧线连接画顺，前腰弧线与前侧缝上端弧线呈近似直角，下端与侧缝直线顺畅连接。

（3）画侧缝下端弧线：在侧缝的基础线上向内 1cm，用直线连接画顺，可略向外弧。

要点提示

瘦省用于凸出的前腹部等球面部位。

（4）画下摆围弧线：裙摆收进 1cm，连接画顺。

(5) 画省:将前腰围大三等分确定两只省的位置,前侧缝省长 10cm,省大 2.5cm;前中省长 9cm,省大 2.5cm,与腰口线垂直。

(6) 省道修正:两侧省中线与省根线向上延长,分别与前腰中点及前腰侧起翘点连接画顺。使前腰弧线与省根线的夹角近似 90°,并把前腰省制成瘦省。方法同西服裙省道修正。

2) 绘制后片轮廓及结构线

(1) 画后腰弧线:腰围线与后中心线交点低落 0.5~1cm,确定后腰中点,然后将后腰中点与后腰侧起翘点以弧线连接画顺。

(2) 画侧缝上端弧线:自后腰侧起翘点至后臀侧点以弧线连接画顺,后腰弧线与后侧缝上端弧线呈近似直角,下端与侧缝直线顺畅连接。

(3) 画侧缝下端弧线:在侧缝的基础线上向内 1cm,用直线连接画顺,可略向外弧。

(4) 画下摆围弧线:裙摆收进 1cm,连接画顺。

要点提示

(1) 胖省用于后臀上部、肩胸部等有凹陷的部位。

(2) 前后片的省道造型差异是由人体前后凹凸程度不同造成的。

(5) 画省:将后腰围大三等分确定两只后省的位置,侧缝省长 13.5cm,省大 2.5cm;后缝省长 14cm,省大 3cm,与腰口线垂直,省道修正方法同前裙片,并把后腰省绘制成胖省。

(6) 画后衩。

3. 裙腰制图

裙腰制图如图 2-11 所示。

定长方形框架:长度为腰围,宽度为腰宽 3cm,定长方形。一侧腰宽中点垂直向外 1.2cm 定宝剑头高度,另一侧加 3cm 为里襟宽。

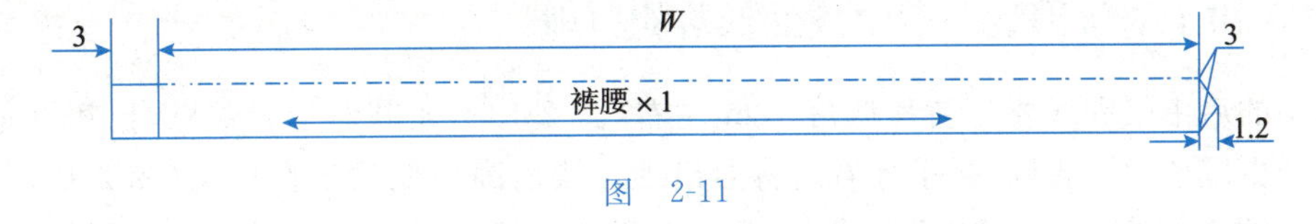

图 2-11

4. 一步裙放缝

一步裙放缝如图 2-12 所示。

(1) 前后裙片的腰口弧线、侧缝以及裙腰四周均放缝 1cm。

(2) 前后裙片的底边放缝为 3~4cm。

(3) 后中心线放缝 1~1.5cm,衩位上端放缝 2cm。

5. 一步裙样板名称及裁片数量

一步裙样板名称及裁片数量见表 2-4。

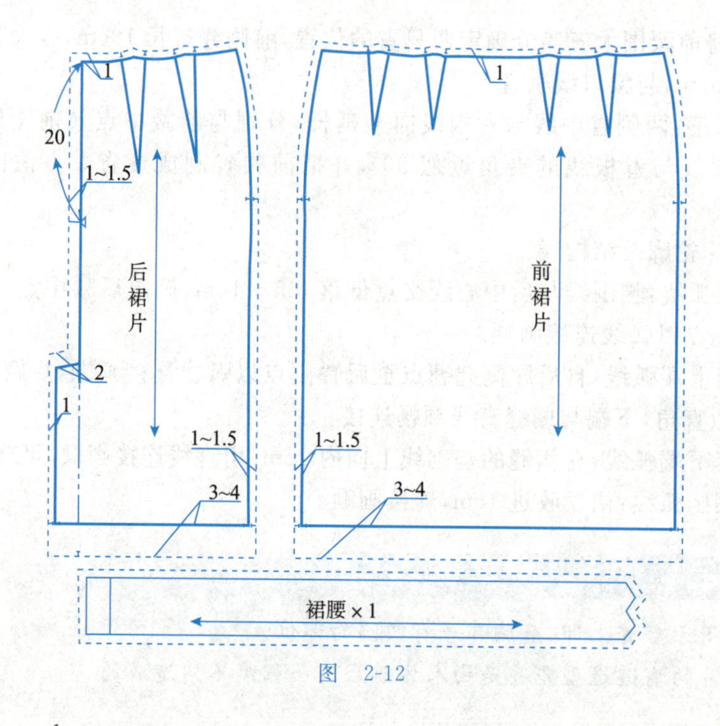

图 2-12

表 2-4 一步裙样板名称及裁片数量

序号	裁片种类	名称	数量/片	备 注
1	主部件	前裙片	1	—
2		后裙片	2	左右各一，对称
3	零部件	裙腰	1	若后中分开需 2 片

三、正装裙结构制图要点分析

（一）裙子的腰围线在后中线处低落的原理

裙子的后中腰围线要比前片低落 1cm 左右（图 2-13），尤其对于臀部贴身、裙摆偏小的一类裙子更应如此。否则，裙子穿着后将会出现裙摆前高后低的不良现象（图 2-14）。如前中开衩的裙子则会产生“搅盖”的弊病；而后中开衩的裙子则会产生后衩“豁开”的弊病，这将会严重影响裙子的穿着效果。这是因为，东方女性的臀部略有下垂，导致后腰至臀部之间的斜坡显得平坦而又偏长，上部处略有凹陷，腹部有明显的隆起现象。从人体侧面观察，腰际至臀底部之间呈 S 形（图 2-15），一升一沉就使得整个裙摆处于前高后低的状态，从而导致裙摆的前高后低。如此时使后腰缝在后中线处低落 1cm 左右，就能使裙摆恢复到平衡状态。

（二）侧缝处的裙腰缝起翘的原理

裙腰缝起翘是由于侧缝上端的劈势所引起的。侧缝的劈势使得前、后裙片拼接后腰缝处产生凹角。劈势越大，凹角就越大，而这起翘的作用就是在于填补凹角（图 2-16）。

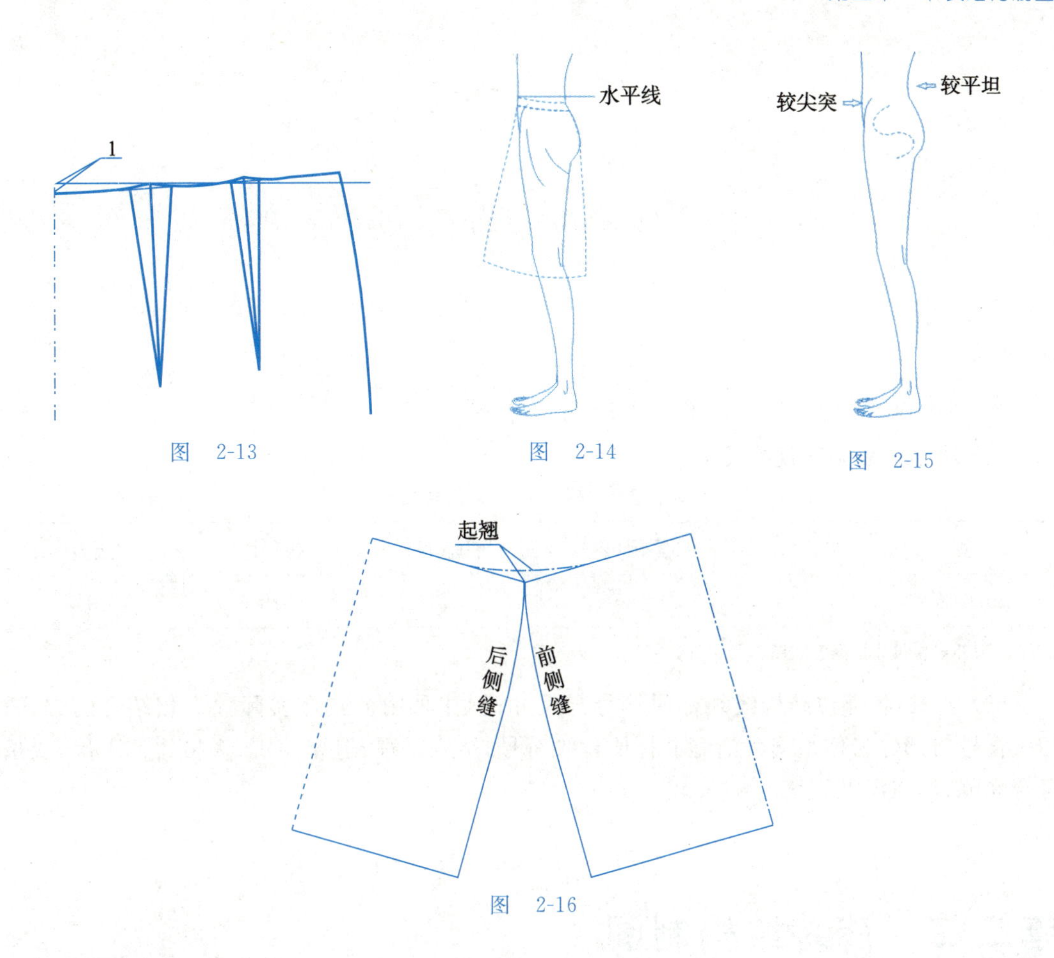

图 2-13

图 2-14

图 2-15

图 2-16

拓展与练习

(1) 按 1∶1 比例绘制一步裙的结构制图，款式如图 2-17 所示。

(2) 按 1∶5 比例绘制旗袍裙的结构制图。

图 2-17

（1）旗袍裙表制图规格见表 2-5 。

表 2-5 旗袍裙表制图规格 单位：cm

号型	裙长(L)	腰围(W)	臀围(H)	腰臀距	腰宽
160/64A	62	66	92	18	3

注：细部规格尺寸根据款式图自行设计。

（2）要求：各部位结构线须标明符号与尺寸；标注采用公式和实际数字相结合的方式；相关符号与部件名称须交代清楚并标明丝缕符号；结构合理、造型美观、规格比例正确、线条符合规范、标注清晰完整。

第二节 裤装结构制图

任务目标

1. 了解男、女西裤的款式特点和面料选择。
2. 熟练掌握男、女西裤的制图方法和制图步骤。
3. 掌握男、女西裤的放缝和主要部位计算公式。
4. 了解并掌握男、女西裤的样板名称和裁片数量。
5. 重点掌握男、女西裤的制图要点。

一、女西裤

（一）女西裤的款式特点

女西裤的款式特点如下：装直腰，五个串带袢；前裤片左右各两个反褶裥，也可以是两个腰省，前中开门襟装拉链，侧缝设直插袋；后裤片左右各两个省；裤管略呈锥形，前后裤片从上至下均有烫迹线，修长挺拔（图 2-18）。

图　2-18

(二) 女西裤的面料选择

女西裤是一种整体造型挺拔匀称的款式，面料宜选用中薄型精纺羊毛面料以及具有一定耐磨性、抗皱性的面料，如中长花呢、哔叽、华达呢等。

(三) 制图规格

女西裤纸样制图规格见表 2-6。

表 2-6　女西裤纸样制图规格　　单位：cm

号型	裤长(L)	腰围(W)	臀围(H)	直裆(CD)	脚口(SB)	腰宽
160/68A	100	70	100	29	20	3.5

(四) 女西裤结构制图

1. 前裤片基础线制图

前裤片基础线制图如图 2-19 所示。

1) 绘制长度线条

(1) 定前侧缝基础线：绘制基础直线，长度为裤长－腰宽。

(2) 定上平线：与侧缝直线垂直，位于该线的最上端，即裤长线。

(3) 定下平线：与侧缝直线垂直，位于该线的最下端，即脚口线。

(4) 定横裆线：从上平线平行量下，取直裆－腰宽。

(5) 定臀围线：上平线与横裆线之间的三等分，靠近横裆线的为臀围线，垂直于侧缝线。

(6) 定中裆线：臀围线与下平线之间二等分，向上抬高 4cm，垂直于侧缝直线。

2) 绘制围度线条

(1) 定前臀围大：与侧缝直线距离 $H/4-1$ 作平行线。

(2) 定前裆宽点：以横裆线与前臀围大线的交点为起点，向外量出 $0.4H/10$ 定点。

(3) 定前横裆劈势：以横裆线与侧缝直线的交点为起点，向内劈进 0.7～1cm 定点。

(4) 定前烫迹线：将前裆劈势点与前裆宽点之间的距离二等分，并作一条直线，与侧缝基础线平行。

(5) 定前脚口大：按脚口规格“脚口－2”，以烫迹线为中心两边平分。

(6) 定前中裆大：前裆宽的二等分点与脚口端点连接，与中裆线相交，即中裆大点，以烫迹线为中点，作出另一侧的中裆大点。

(7) 定前下裆缝辅助线：将前裆宽端点与中裆大点连接，再将中裆大点与脚口大点连接。

(8) 定前侧缝辅助线：将横裆劈势点与中裆大点连接，再将中裆大点与脚口大点连接。

2. 前裤片轮廓及结构线制图

前裤片轮廓及结构线制图如图 2-20 所示。

(1) 定前裆缝斜线：前腰中点撇进 1cm 定点，连接至前臀围大线与前臀围线的交点，弧线略胖。

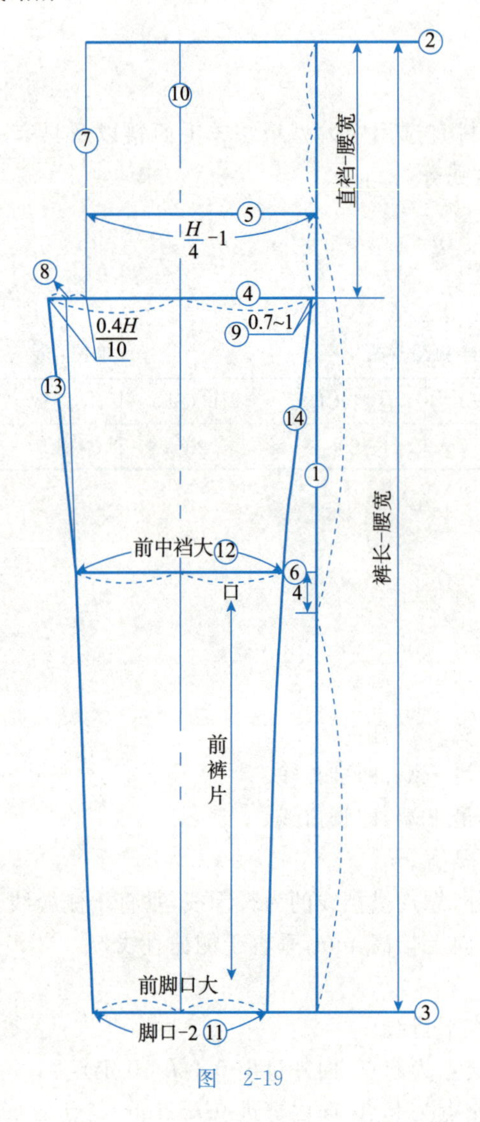

图 2-19

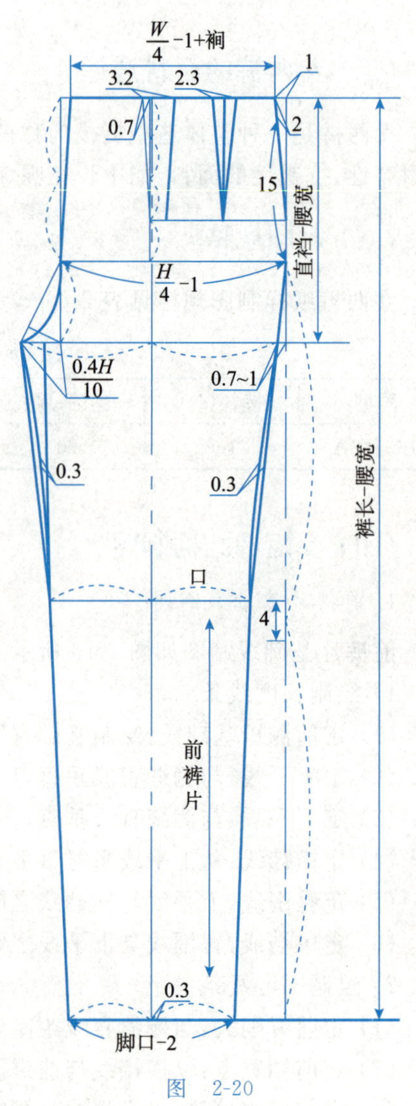

图 2-20

（2）定前裆弧线：将臀围线与臀围大的交点至前裆宽点进行弧线连接，作图方法见图 2-21，并与前腰中心劈势点顺畅连接。

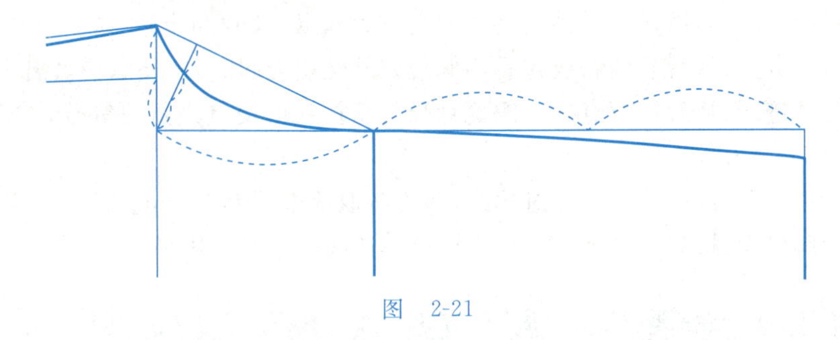

图　2-21

（3）定前下裆线：在下裆缝辅助线的基础上凹进 0.3cm 并画顺。

（4）定前腰围大：从前腰中心劈势点起取 $W/4-1+$裥，定出腰围大。

要点提示

由于脚背的隆起，导致前裤片脚口弧线略凹。

（5）定前侧缝弧线：从横裆劈势点到中裆大点的辅助线基础上凹进 0.3cm 并画顺。

（6）定前脚口弧线：凹进 0.3cm 并画顺。

（7）定褶裥：前褶裥为反裥，褶裥量取 3.2cm，由前褶裥至侧缝的 1/2 处为后褶裥位置，后褶裥量取 2.3cm，褶裥长为上平线至臀围线的 3/4。

（8）定侧缝直袋：在侧缝线上，上端距腰口 2cm，袋口大为 15cm。

3. 后裤片基础线制图

后裤片基础线制图如图 2-22 所示。

（1）定后侧缝线：与前片相同，是最先绘制的基础直线，长度为裤长—腰宽。

要点提示

（1）起翘量通常为 0～3cm。

（2）后裤片的起翘量与困势成正比，困势越大起翘量也就越大。

以前裤片为基础，将上平线、臀围线、横裆线、中裆线、下平线进行延长。

（2）定后翘线：上平线向上的平行线，相距 2.5cm。

（3）定落裆线：按前片横裆线，在后裆处低落 0.7cm。

要点提示

裤型越宽松，后裆低落量越大，但是直裆松量较大的裤子后裆可不做低落，如裙裤等。

4. 绘制围度的点与线

（1）定后臀围大：距后侧缝直线 $H/4+1$ 作平行线，与臀围线的交点定为 i。

(2) 定后裆缝斜线：以臀围线与臀围大的交点为起点，取比值 15∶3.5 为斜度。上端相交于后翘线，下端与后裆低落处相交。

(3) 定后腰大：由后翘线与后裆缝斜线的交点为起点，取 $W/4+1+$省斜量至上平线。

(4) 定后裆宽点：从后裆缝斜线与后裆低落处的交点为起点，向外水平量出 $H/10$。

(5) 定后烫迹线：从后裆宽点到后侧缝直线与横裆线的交点进行二等分，作后侧缝直线平行的线，与脚口线相交。

(6) 定后中裆大：以后烫迹线为对称线，两边各取前中裆大＋2cm。

(7) 定后脚口大：按脚口规格"脚口＋2"，以烫迹线为中心两边平分。

要点提示

一般情况下，凸臀体裤子的困势比正常体大，平臀体裤子的困势比正常体小。

5. 后裤片轮廓及结构线制图

后裤片轮廓及结构线制图如图 2-23 所示。

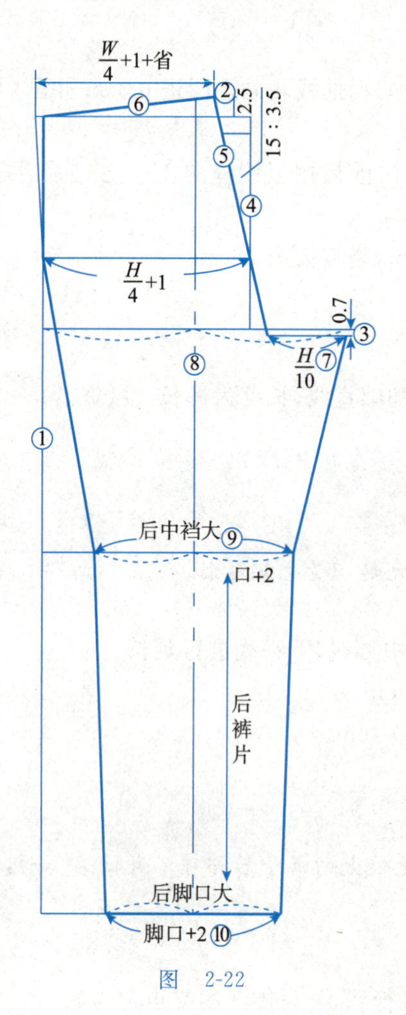

图 2-22

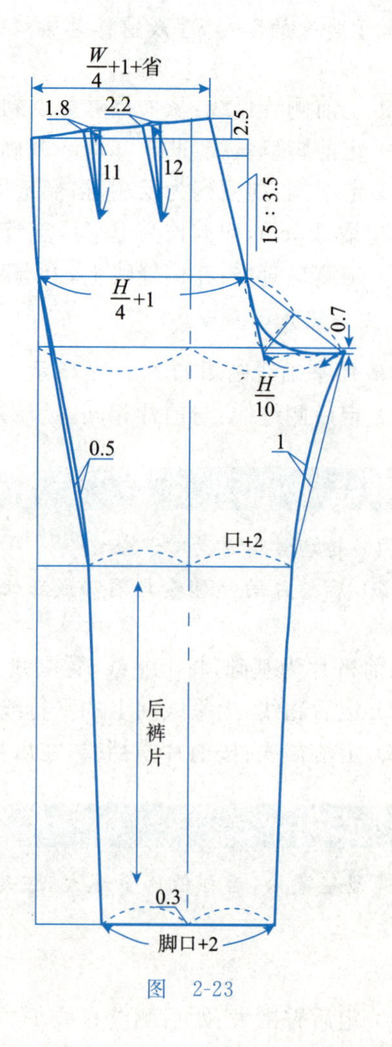

图 2-23

(1) 定后裆弧线：作图方法见放大图 2-24。

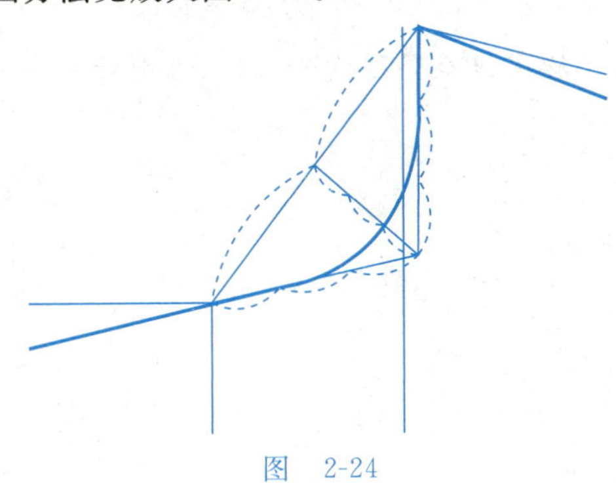

图　2-24

(2) 定后下裆线：将后裆宽点与中裆大点进行辅助线连接，凹进 1cm 并画顺。再将中裆大点与脚口大点直线连接。

(3) 定后侧缝弧线：将后腰围大点至臀侧点至横裆劈势进行弧线画顺，再从横裆劈势点至中裆大点进行辅助线连接，凹进 0.3cm 并画顺，并与中裆大脚口大顺畅连接。

(4) 定后脚口弧线：胖势 0.3cm 并画顺。要点提示：由于脚跟骨的直立造型，导致后裤片脚口弧线略凸。

要点提示

后片省尖距离臀围线约 6cm，凸臀体的省道略短，平臀体的省道可略长。

(5) 定省位：将后腰围大三等分确定两只后省的位置，侧缝省长 11cm，省大 1.8cm；后缝省长 12cm，省大 2.2cm，与腰口线垂直。并修顺后腰弧线。

6. 女西裤零部件制图

女西裤零部件制图如图 2-25 所示。

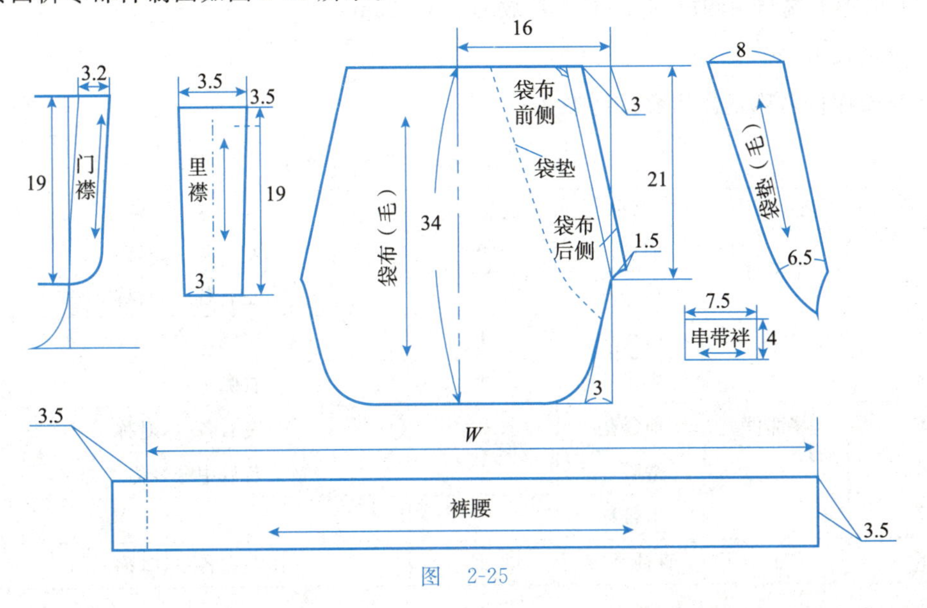

图　2-25

要点提示

门里襟的长度不能短于腰围线至臀围线的距离，否则对裤子的穿脱会有一定的影响。

7. 女西裤放缝

女西裤放缝如图 2-26 所示。

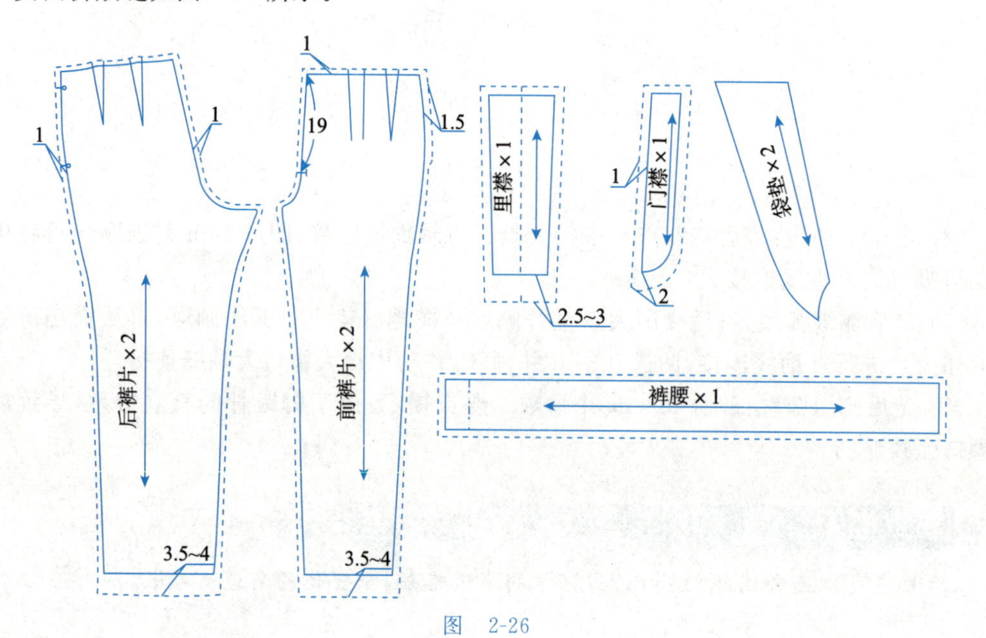

图 2-26

(1) 女西裤裁片四周的缝份为 1cm。

(2) 省位、裥位以及烫迹线位置要用刀眼表示。

(3) 侧缝直插袋位置缝份为 1.5cm。

(4) 里襟上端与两侧放缝 1cm，下端放缝 2.5～3cm。

8. 女西裤样板名称及裁片数量

女西裤样板名称及裁片数量见表 2-7。

表 2-7　女西裤样板名称及裁片数量

序号	裁片种类	名称	数量/片	备　注
1	主部件	前裤片	2	左右各一，对称
2		后裤片	2	左右各一，对称
3	零部件	门襟	1	左侧一片
4		里襟	1	右侧一片
5		前袋垫	2	左右各一，对称
6		裤腰	1	若后中分开需 2 片
7		串带袢	5	—
8	袋布	直插袋布	2	左右各一，对称

拓展与练习

(1) 按 1∶1 比例，绘制女西裤前后片结构设计图，规格自定。要求：结构合理、造型美观、规格比例正确、线条符合规范、标注清晰完整。

(2) 按 1∶1 比例，结合家人的规格绘制女西裤结构设计图，细节部位可自行设计。

二、男西裤

(一) 男西裤的款式特点

男西裤的款式特点如下：装直腰，六个串带袢；前裤片左右各两个反褶裥，前中开门襟装拉链，侧缝设斜插袋；后裤片左右各两个省，左右各设一双嵌线挖袋；裤管呈锥形，前后裤片均有烫迹线，修长挺拔(图 2-27)。

图 2-27

(二) 面料选择

男西裤是一种整体造型挺拔匀称的款式,在正式场合,烫迹线必须熨烫挺直,面料宜选用中薄型精纺羊毛面料以及具有一定耐磨性、抗皱性的面料,如凡立丁、中长花呢、哔叽、华达呢等。

(三) 制图规格

男西裤纸样制图规格见表 2-8。

表 2-8　男西裤纸样制图规格　　单位:cm

号型	裤长(L)	腰围(W)	臀围(H)	直裆(CD)含腰	脚口(SB)	腰宽
170/74A	103	76	100	28	20	4

(四) 男西裤结构制图

1. 前裤片基础线制图

前裤片基础线制图如图 2-28 所示。

1) 绘制长度线条

(1) 定前侧缝基础线:绘制基础直线,长度为裤长－腰宽。

(2) 定上平线:与侧缝直线垂直,位于该线的最上端,即裤长线。

(3) 定下平线:与侧缝直线垂直,位于该线的最下端,即脚口线。

(4) 定横裆线:从上平线平行量下,取直裆－腰宽。

(5) 定臀围线:上平线与横裆线之间的三等分,靠近横裆线的为臀围线,垂直于侧缝线。

(6) 定中裆线:臀围线与下平线之间二等分,向上抬高 4cm,垂直于侧缝直线。

要点提示

(1) 反裥是指在左右裤片上,正面向外侧(侧缝方向)折倒的褶裥,常用于普通款式的裤装中。

(2) 裤装的第一个褶裥必须设置在烫迹线上,褶裥量控制在 3～4cm,其他褶裥控制在 2～3cm。

(3) 正常体型西裤臀腰差为 24～30cm,前片一般用两只褶裥,前褶裥不小于后褶裥。

2) 绘制围度的点与线

(1) 定前臀围大:与侧缝直线距离 $H/4-1$ 作平行线。

(2) 定前裆宽点:以横裆线与前臀围大线的交点为起点,向外量出 $0.4H/10$ 定点。

(3) 定前横裆劈势:以横裆线与侧缝直线的交点为起点,向内劈进 0.5cm 定点。

(4) 定前烫迹线:将前裆劈势点与前裆宽点之间的距离二等分,并作一条直线,与侧缝基础线平行。

(5) 定前脚口大:按脚口规格“脚口－2”,以烫迹线为中心两边平分。

(6) 定前中裆大：前裆宽的二等分点与脚口端点连接，与中裆线相交，即中裆大点，以烫迹线为中点，作出另一侧的中裆大点。

(7) 定前下裆缝辅助线：将前裆宽端点与中裆大点连接，再将中裆大点与脚口大点连接。

(8) 定前侧缝辅助线：将横裆劈势点与中裆大点连接，再将中裆大点与脚口大点连接。

2. 前裤片轮廓及结构线制图

前裤片轮廓及结构线制图如图 2-29 所示。

(1) 定前裆缝斜线：前腰中点撇进 1cm 定点，连接至前臀围大线与前臀围线的交点，弧线略胖。

(2) 定前裆弧线：将臀围线与臀围大的交点至前裆宽点进行弧线连接，并与前腰中心劈势点顺畅连接。作图方法同女西裤。

(3) 定前下裆线：在下裆缝辅助线的基础上凹进 0.3cm 并画顺。

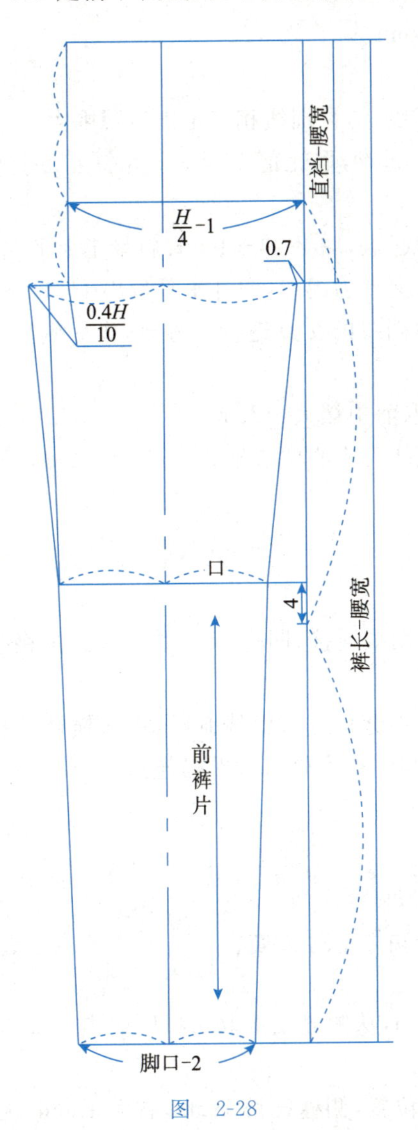

图 2-28

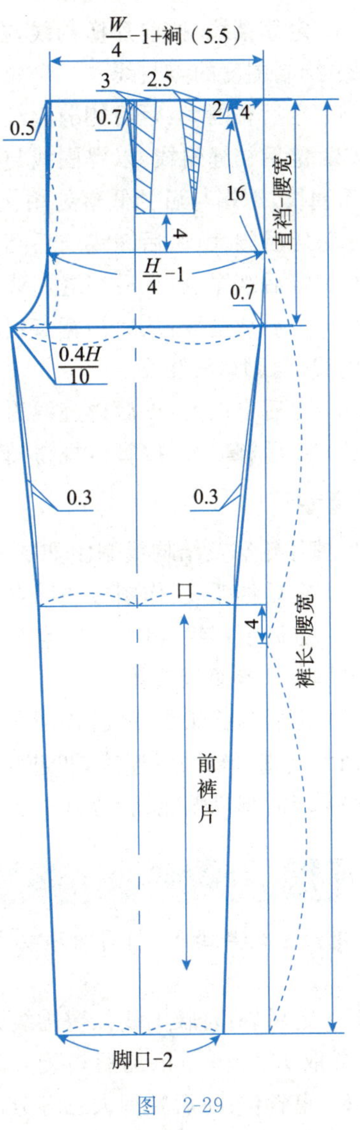

图 2-29

（4）定前腰围大：从前腰中心劈势点起取 $W/4-1+$裥，定出腰围大。

（5）定前侧缝弧线：从横裆劈势点到中裆大点的辅助线基础上凹进 0.3cm 并画顺。

（6）定前脚口弧线：凹进 0.3cm 并画顺。

（7）定褶裥：前褶裥为反裥，褶裥量取 3cm，由前褶裥至侧缝的 1/2 处为后褶裥位置，后褶裥量取 2.5cm，褶裥长为臀围线向上抬高 4cm。

3. 后裤片基础线制图

后裤片基础线制图如图 2-30 所示。

1）绘制长度线条

（1）定后侧缝线：与前片相同，最先绘制基础直线，长度为裤长－腰宽。

以前裤片为基础，将上平线、臀围线、横裆线、中裆线、下平线进行延长。

（2）定后翘线：上平线向上的平行线，相距 2.5cm。

（3）定落裆线：按前片横裆线，在后裆处低落 0.7cm。

2）绘制围度的点与线

（1）定后臀围大：距后侧缝直线 $H/4+1$ 作平行线，与臀围线相交定出后臀围大。

（2）定后裆缝斜线：以臀围线与臀围大的交点为起点，取比值 15∶3.2 为斜度。上端相交于后翘线，下端与后裆低落处相交。

（3）定后腰大：由后翘线与后裆缝斜线的交点为起点，取 $W/4+1+$省斜量至上平线。

（4）定后裆宽点：从后裆缝斜线与后裆低落处的交点为起点，向外水平量出 $H/10$。

（5）定后烫迹线：从后裆宽点到后侧缝直线与横裆线的交点进行二等分，作后侧缝直线平行的线，与脚口线相交。

（6）定后中裆大：以后烫迹线为对称线，两边各取前中裆大＋2cm。

（7）定后脚口大：按脚口规格“脚口＋2”，以烫迹线为中心两边平分。

4. 后裤片轮廓及结构线制图

后裤片轮廓及结构线制图如图 2-31 所示。

（1）定后裆弧线：作图方法同女西裤。

（2）定后下裆线：将后裆宽点与中裆大点进行辅助线连接，凹进 1cm 并画顺。再将中裆大点与脚口大点直线连接。

（3）定后侧缝弧线：将后腰围大点至臀侧点至横裆劈势进行弧线画顺，再从横裆劈势点至中裆大点进行辅助线连接，凹进 0.5cm 并画顺，并与中裆大脚口大顺畅连接。

（4）定后脚口弧线：胖势 0.3cm 并画顺。

要点提示

有后袋的男西裤，制图顺序要先确定后袋位，后确定省道位置。

（5）定后袋：自腰围线往臀围线方向水平量取 7cm，从侧缝线量取 $0.4H/10$ 与 7cm 形成交点，并取 $H/10+4$cm 为后口袋大。

（6）定省位：将后腰围大三等分确定两只后省的位置，侧缝省长 11cm，省大 1.8cm；后缝省长 12cm，省大 2.2cm，与腰口线垂直。并修顺后腰弧线。

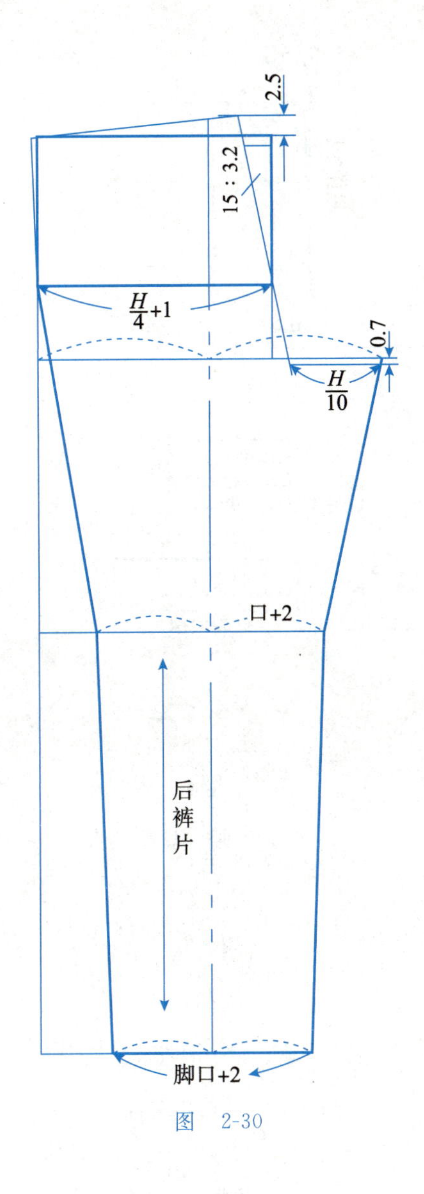

图　2-30

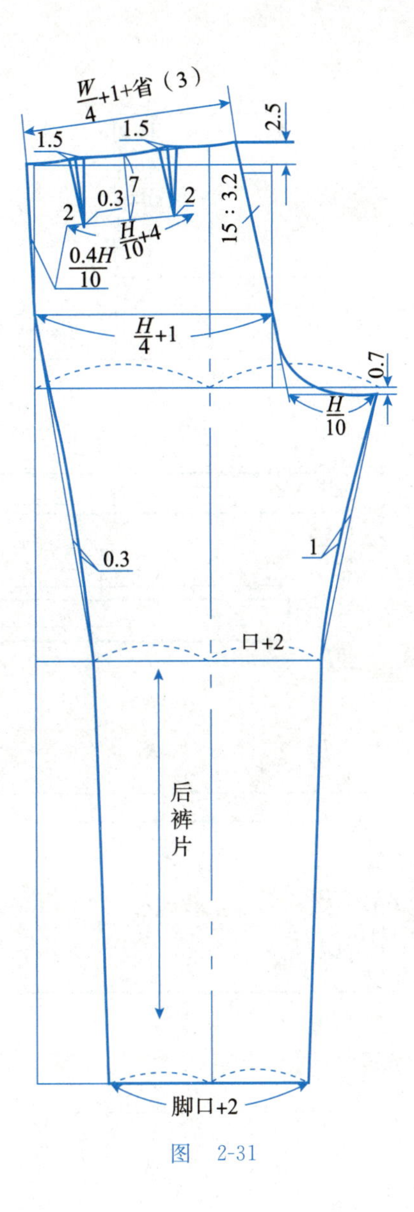

图　2-31

5. 男西裤零部件制图

男西裤零部件制图如图 2-32 所示。

（五）男西裤放缝

1. 主部件放缝

主部件放缝如图 2-33 所示。

2. 零部件放缝

零部件放缝如图 2-34 所示。

3. 其他辅料放缝

其他辅料放缝如图 2-35 所示。

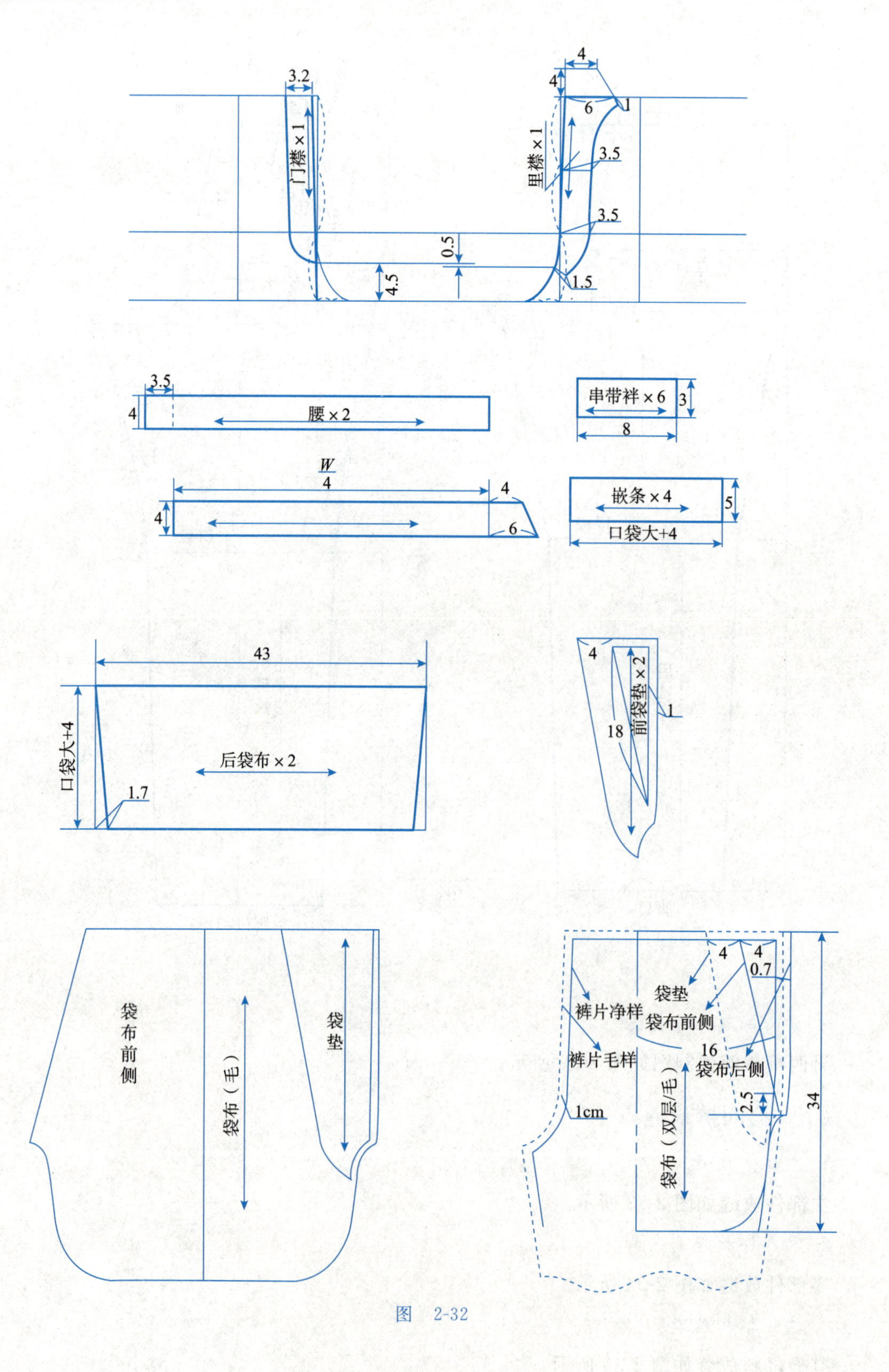
3.2
门襟×1
4
4
6
1
里襟×1
3.5
3.5
0.5
4.5
1.5
3.5
4
腰×2
串带袢×6
3
8
W
4
4
4
6
嵌条×4
5
口袋大+4
43
口袋大+4
后袋布×2
1.7
4
前袋垫×2
1
18
袋布前侧
袋布（毛）
袋垫
4
4
0.7
裤片净样
袋垫
袋布前侧
裤片毛样
16
袋布后侧
1cm
袋布（双层/毛）
2.5
34

图 2-32

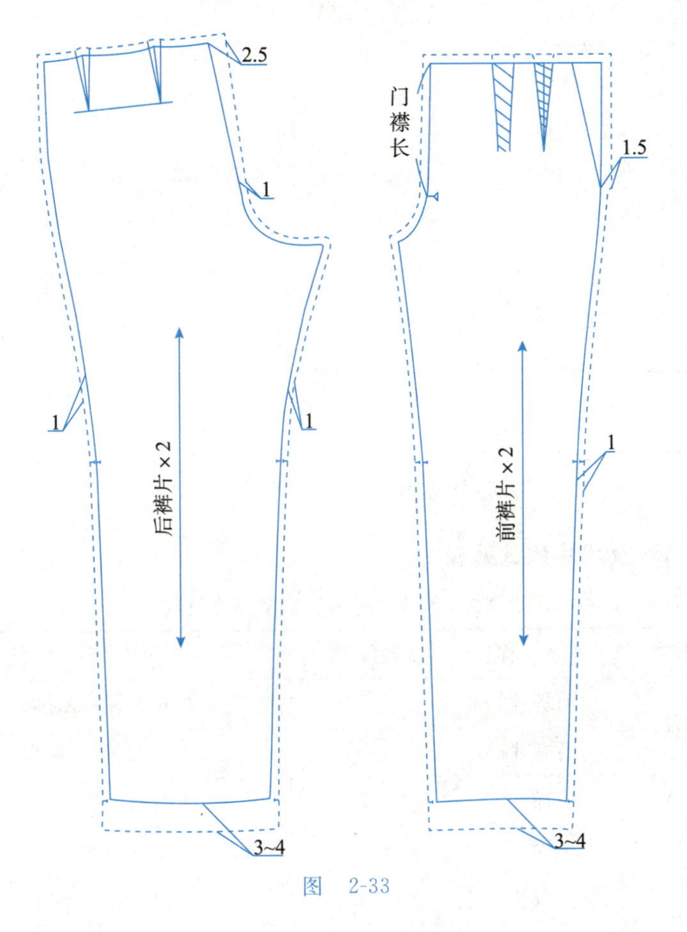
2.5
门襟长
1.5
1
1
1
1
后裤片×2
前裤片×2
3~4
3~4

图　2-33

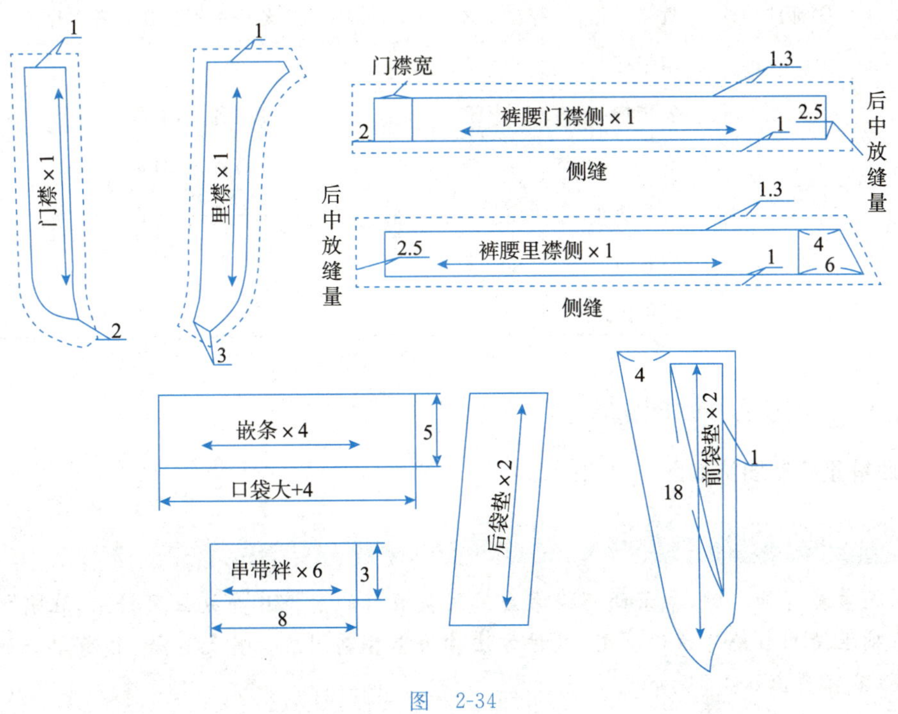
1
1
门襟宽
1.3
门襟×1
里襟×1
2
裤腰门襟侧×1
1
2.5
后中放缝量
侧缝
2
3
后中放缝量
1.3
2.5
裤腰里襟侧×1
1
4
6
侧缝
4
前袋垫×2
1
18
嵌条×4
5
口袋大+4
后袋垫×2
串带袢×6
3
8

图　2-34

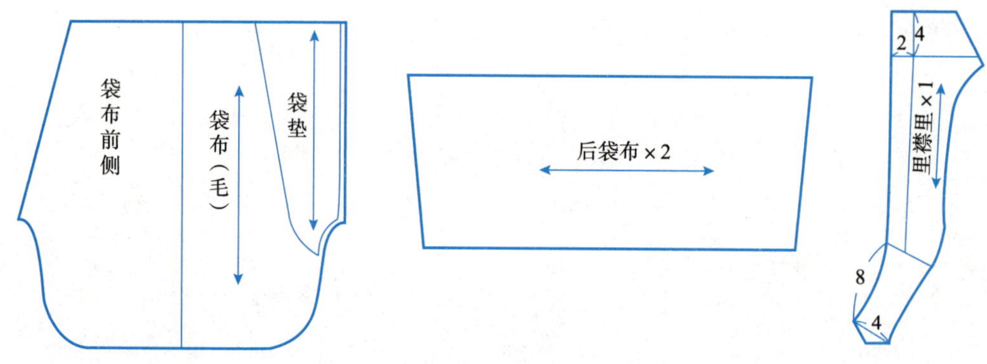

图 2-35

（六）男西裤样板名称及裁片数量

男西裤样板名称及裁片数量见表 2-9。

表 2-9 男西裤样板名称及裁片数量

序　号	裁片种类	名　称	数量/片	备　注
1	主部件	前裤片	2	左右各一，对称
2		后裤片	2	左右各一，对称
3	零部件	门襟	1	左侧一片
4		里襟	1	右侧一片
5		前袋垫	2	左右各一，对称
6		裤腰	2	若后中不分开只需 1 片
7		串带袢	5	—
8		后袋垫	2	左右各一，对称
9		嵌条	4	左右各二，对称
10	袋布	斜插袋布	2	左右各一，对称
11		后袋布	2	左右各一，对称
12		里襟里	1	—

（七）男西裤重叠制图法

男西裤重叠制图法如图 2-36 所示。

要点提示

在服装裁剪加工时，单条西裤经常会采用裁剪好的前裤片叠放在面料上，在前裤片结构的基础上绘制后裤片结构制图，这种方法称为重叠制图法。其优点是：裁剪单条西裤时速度快，不容易出错。

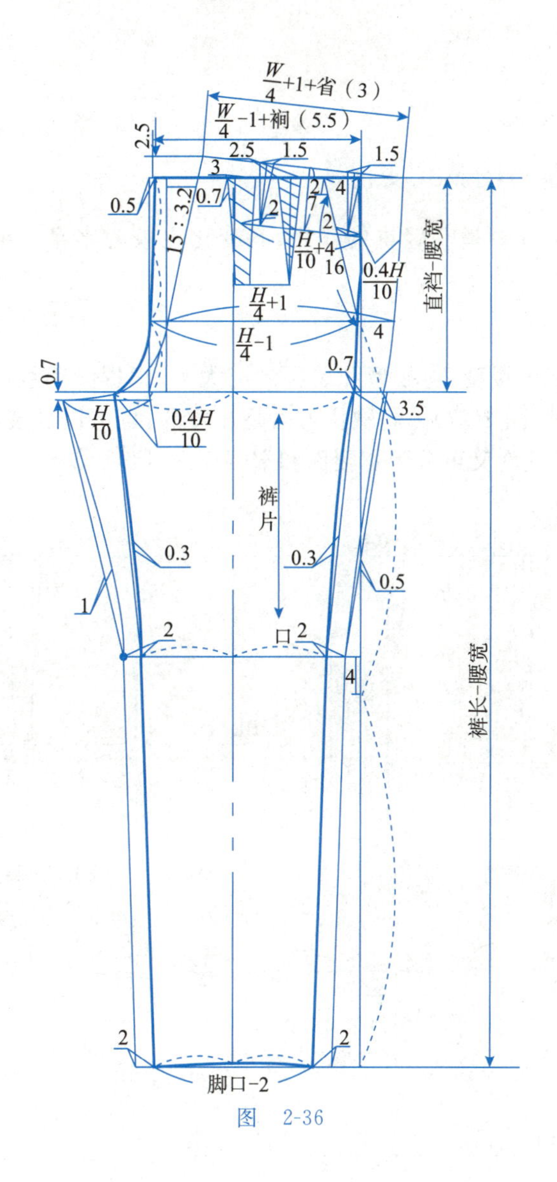

图　2-36

拓展与练习

（1）按 1∶1 比例默写男西裤结构制图。要求：结构合理、造型美观、规格比例正确、线条符合规范、标注清晰完整。

（2）结合所学知识，根据自己或者同学的规格尺寸按 1∶1 比例进行男西裤结构设计。

三、西裤的款式变化

（一）裤装细节部位的款式变化

细节部位在裤装中有着举足轻重的作用，其变化也较为丰富。细节部位包括裤腰、口袋、门襟、脚口等部位。

1. 裤腰的变化

裤腰的变化主要有无腰型、连腰型和装腰型三大类；根据腰际线的高低可分为高腰位、正常腰位和低腰位三种（图 2-37）。高腰位可以是连腰的，也可以是装腰的，腰宽一般在 6～8cm。根据腰面的宽窄程度又可分为宽腰面和窄腰面两种。

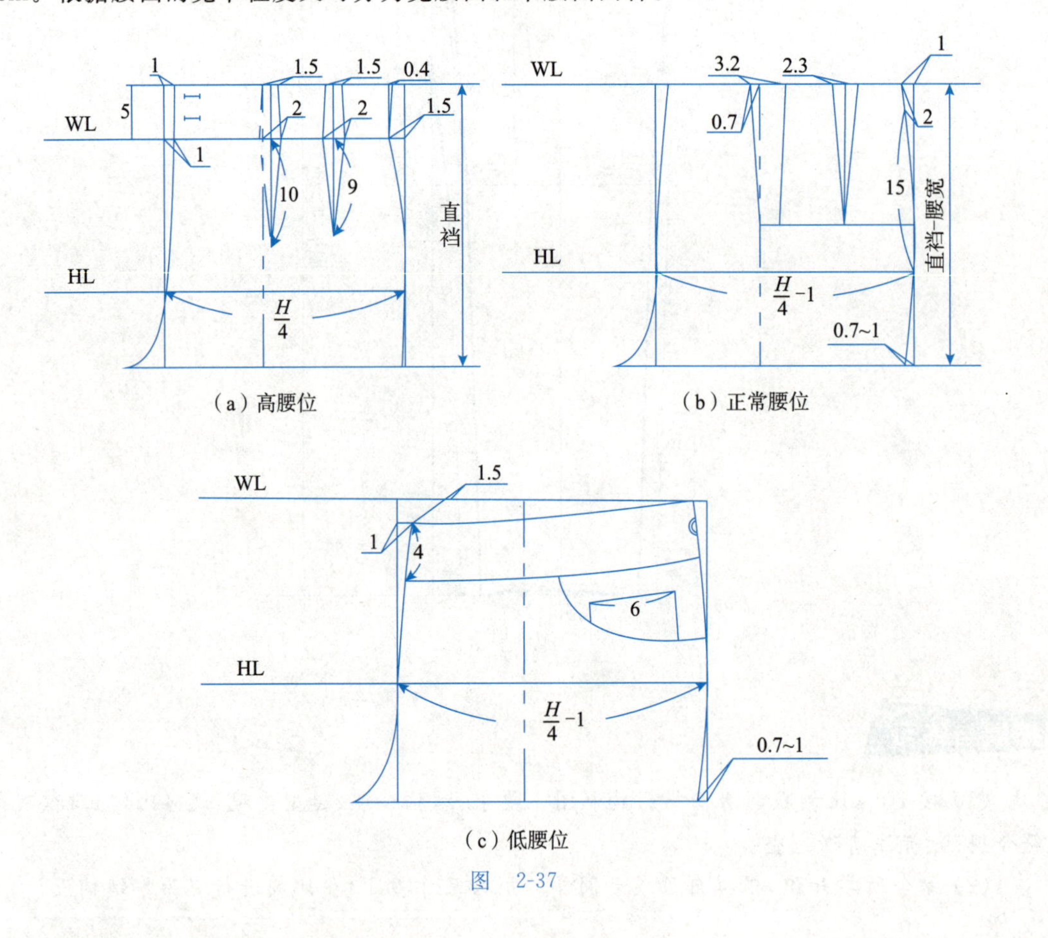

（a）高腰位

（b）正常腰位

（c）低腰位

图 2-37

2. 口袋的变化

西裤的口袋主要是侧缝袋和后袋。

(1) 侧缝袋可分为月亮袋、斜插袋、嵌线挖袋、明贴袋等。

(2) 后袋可分为贴袋、嵌线袋、立体袋、拉链袋等。

3. 门襟的变化

门襟处于裤装的视觉中心，一般以扣袢、拉链的形式居多。

4. 脚口的变化

在裤装中，中裆与脚口的差量会直接影响着裤管的造型。按差量的不同，可分为直筒型、喇叭形、锥型三种(图 2-38)。当中裆等于脚口时，裤管为直筒型；当中裆大于脚口时，裤管为锥型；当中裆小于脚口时，裤管为喇叭形。

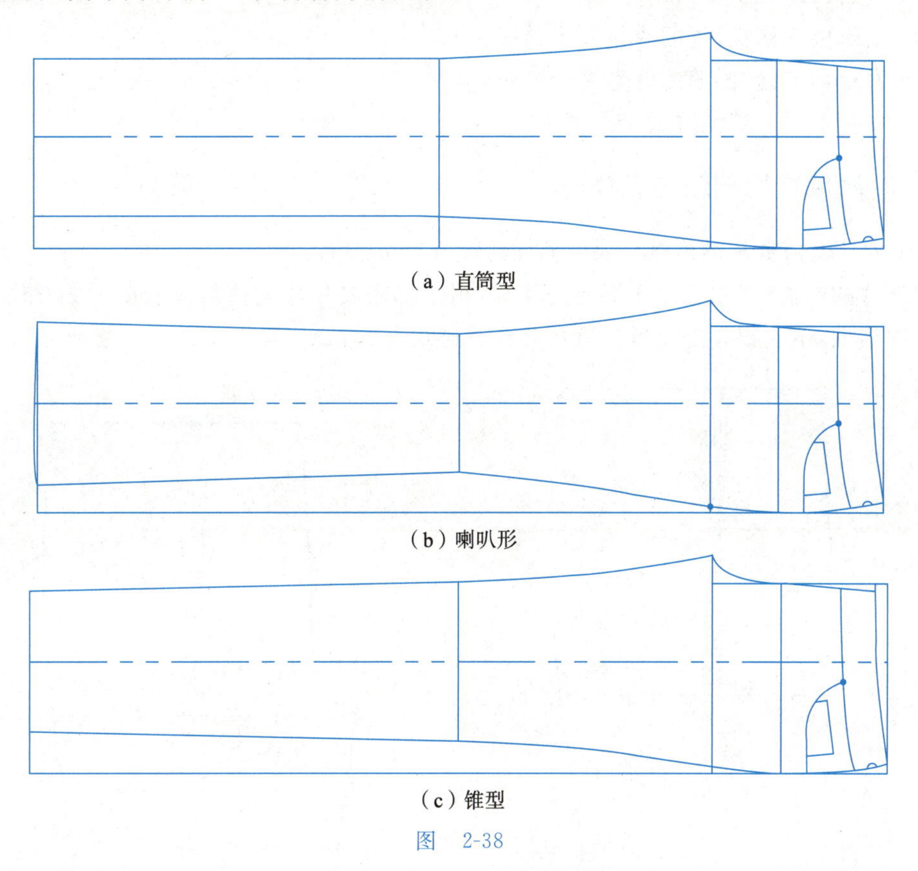

（a）直筒型

（b）喇叭形

（c）锥型

图 2-38

裤脚口的造型设计也很关键，通过在脚口装松紧带、卷裤脚边、加扣袢、抽褶等方法，能够使脚口部位的造型更加活泼。

（二）男女裤的差别

1. 款式上的差别

（1）开门：男裤为前开门；女裤有前开门，也有侧开门。

（2）裤腰：男裤腰的款式较单一，且裤腰位置一般在人体腰位线上或略低于腰位线。女裤的腰线可高可低，裤腰的变化形式多样。

（3）裥省：男裤为前裥后省，女裤前后片均可用省。

（4）后袋：男裤有设后袋，女西裤一般不设后袋。

2. 体型上的差别

（1）男性的侧腰部凹陷小于女性。

（2）男性的臀腰差小于女性。

（3）男性的臀部比女性平坦。

（4）男性两侧的弧度小于女性。

3. 结构制图上的差别

（1）女裤的腰宽窄于男裤。

（2）女裤腰口褶裥、省的收量大于男裤。

（3）女裤前裆缝、侧缝的劈量大于男裤。

（4）女裤前后侧缝弧线大于男裤。

（三）西裤结构制图要点分析

（1）为什么前裤片的褶裥位要偏离烫迹线 0.7cm 左右？

前裤片的褶裥位，无论是正裥还是反裥，裥位都需要偏离烫迹线 0.7cm 左右（图 2-39）。假设不收褶裥，单收腰省并使省尖恰巧落在烫迹线上（图 2-40）。

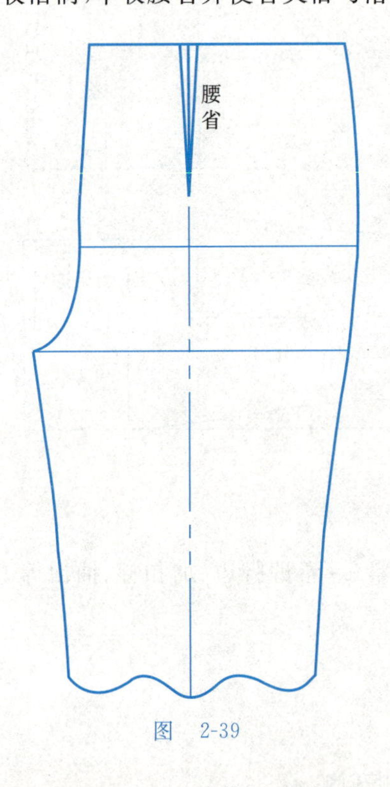

图 2-39

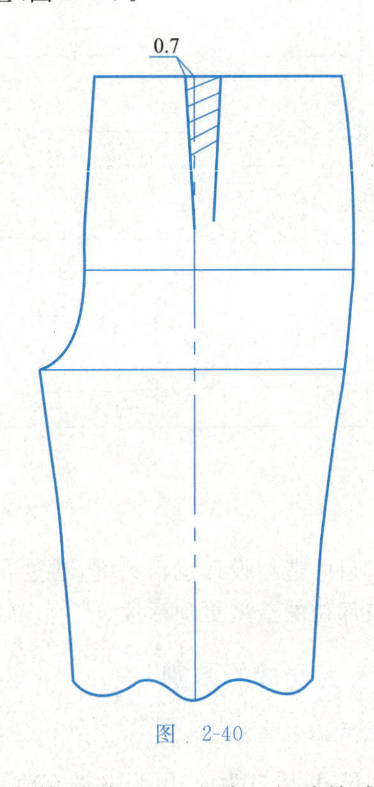

图 2-40

在腰省的基础上，将靠近侧缝的一条省根线往外平移 2cm 左右，这时就成了正裥（图 2-41）；将靠近前裆缝的一条省根线往外平移 2cm 左右，这时就成了反裥（图 2-42）。无论正裥还是反裥，0.7cm 左右的裥偏差总是存在的。如果褶裥的偏差量不存在，这样就等于取消了腰省，而且，使上端的烫迹线不平服，显然是不合理的。同时，褶裥差不一定等于 0.7cm，就像腰省不等于某一定数一样。一般情况下，臀围与腰围的差值越小，则褶裥偏差也会越小；反之则越大。其偏差量通常为 0.4～0.7cm。

由此可见，前裤片存在褶裥偏差是为了满足收腰省的需要，也是为了满足腰下部位的球面状的需要。

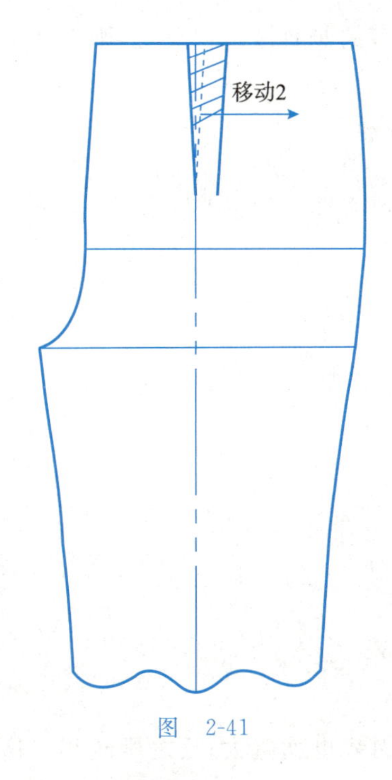

图　2-41

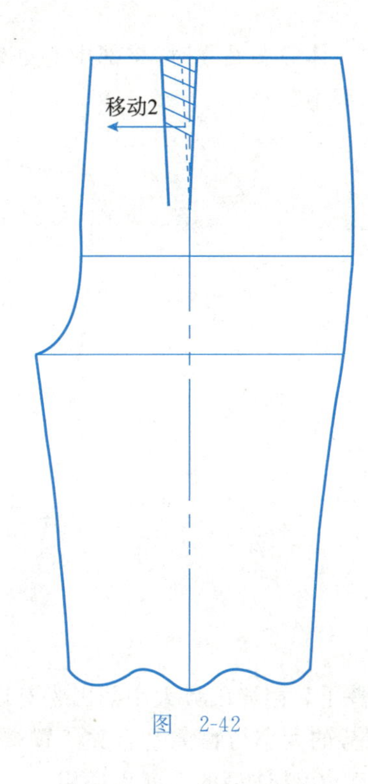

图　2-42

(2) 裤子的后翘是如何产生的？

裤子的后翘是指后裤片的上平线在后裆缝处的抬高量(图 2-43)。后翘的产生与后裆缝存在的困势有关。如果后裆缝不存在困势，那就不需要后翘；后裆缝困势越大，后翘也就越大；后裆缝困势越小，后翘也就越小。

当后翘为零，且后裆缝存在困势时，其与后腰围线的夹角会大于 90°，后裤片裆缝拼接后会形成一个凹角(图 2-44)；且后裆困势越大，凹角也就越大。当后翘太大时，又容易形成凸角，在人体静态站立时，后臀上部会出现横波纹。后翘量正确的裤片拼接图(图 2-45)；后翘量一般为 0～3cm。

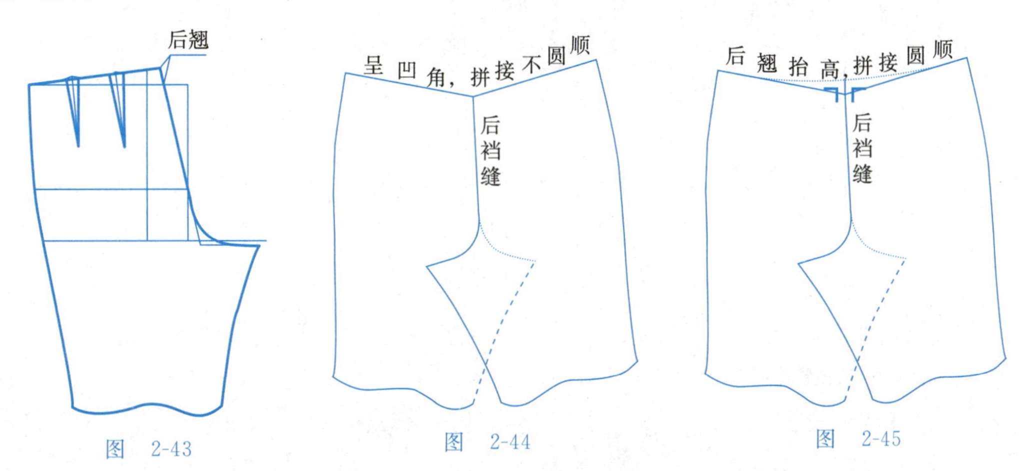

图　2-43　　图　2-44　　图　2-45

(3) 裤子的后裆缝困势如何确定？

后裆缝困势是指后裆缝上端处的偏进量(图 2-46)。当后裆缝困势过大时，则人体活动方便，但在人体静态站立时，臀部中心处容易出现较多的竖直波纹。反之，则人体活动受牵制，后腰下部不贴身。

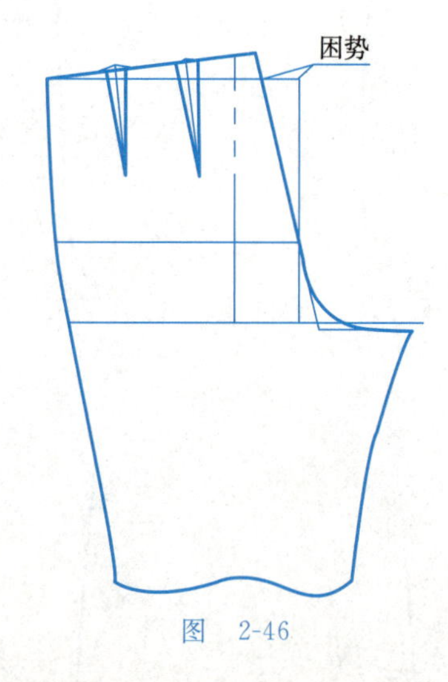

图 2-46

影响裤子后裆缝困势大小的因素有以下几个方面。

① 困势的大小与臀腰差有关。臀腰差越大，则困势也就越大；反之则越小。这只适用于正常体型，特殊体型的人就不适用。

② 困势的大小与人体臀部造型有关。在直裆相等的情况下，平臀体，其后裆缝困势比正常体要小；凸臀体，其后裆缝困势比正常体要大。

③ 对于一般正常体，其困势倾斜程度为 15 : 3.5(图 2-47(a))；对于平臀体，其困势倾斜程度为 15 : (3.5－x)(图 2-47(b))；对于凸臀体，其困势倾斜程度为 15 : (3.5＋x)；其中 x 为调整量(图 2-47(c))。

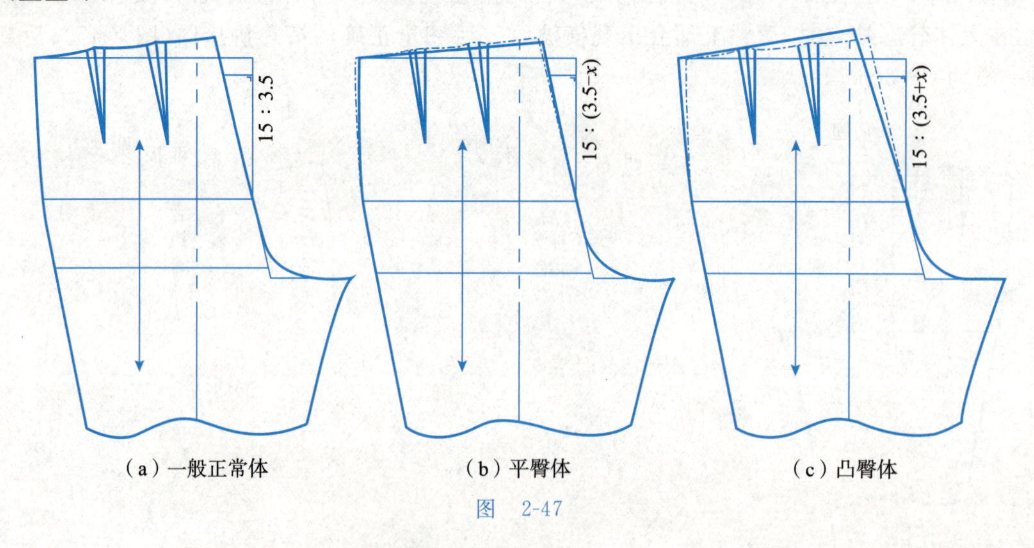

(a) 一般正常体　(b) 平臀体　(c) 凸臀体

图 2-47

(4) 为什么西裤的后裆线要比前裆线低落 0.7cm?

西裤的后下裆缝线的斜度大于前下裆缝线的斜度。如果后裆线不低于前裆线，则后下裆缝线会长于前下裆缝线。要使前后下裆缝长度相等，只有将后裆深适当放低。前后下裆缝的斜度差越大，则后裆线低落的量越大。如果后下裆缝不采取归、拔等工艺性因素，则后裆低落 0.65cm 就能使前后下裆缝线等长(图 2-48)。

从人体侧面图观察，人体臀部下垂，导致后裆最低点低于前裆最低点 1cm 左右，如果后裆不做低落的话，后裆处容易产生夹裆，使裤子缺乏美观性和舒适性。但是如果后裆线进行足量低落 1cm，会使后下裆缝短于前下裆缝，在缝制时，必须作拔开处理。

综上所述，普通西裤后裆的低落量为 0.7～0.8cm(图 2-49)。

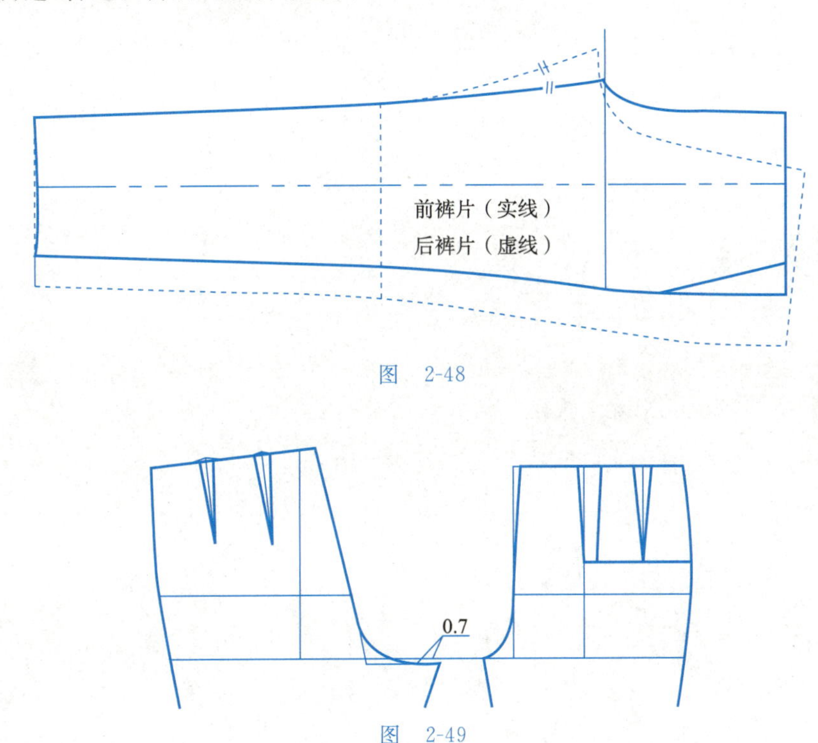

图　2-48

图　2-49

拓展与练习

(1) 根据流行趋势，设计一款女西裤，并按 1∶3 的比例制成纸样。

(2) 为一位凸臀体的朋友测量人体规格，并按 1∶1 的比例制成纸样，缝制完成后进行试穿，找出纸样中的弊病，分析产生的原因并纠正纸样。

第三章
上装结构制图

导读

本章学习上装的结构制板。通过大量的动手实践训练，要求学生掌握衬衫、连衣裙以及女外套的制图方法、制图步骤、计算公式和裁片放缝。重点掌握上装结构制图要点分析。通过本章的实践教学环节，提高学生的动手能力和结构造型能力。

第一节　衬衫结构制图

任务目标

1. 了解男女衬衫的款式特点和面料选择。
2. 熟练掌握基础款男女衬衫的制图方法和制图步骤。
3. 掌握基础款男女衬衫的放缝和主要部位计算公式。
4. 重点掌握胸省的作用及变化、省位的转移、省量的分散处理。
5. 了解袖子与袖窿、袖山深与袖肥的配套关系。

一、基础款女衬衫

(一) 基础款女衬衫的款式特点

此款式为合体女衬衫，面料选用比较广泛(如棉麻织物和其他薄型面料)；前衣片设腋下省和胸腰省，前门开襟六粒扣，后片育克，收腰省；底摆呈波浪弧形，袖口收两个褶裥、宝剑头、袖衩、装袖克夫、一粒扣(图 3-1)。

图　3-1

(二) 制图规格

女衬衫纸样制图规格见表 3-1。

表 3-1　女衬衫纸样制图规格　　单位：cm

号型	后中长(BCL)	背长(BWL)	胸围(B)	腰围(W)	肩宽(S)	领围(N)	袖长(SL)	袖口大(CW)	袖克夫长/宽
160/84A	56	37	92	78	39	36	56	21	23/4

（三）基础款女衬衫的结构制图

1. 前后衣片基础线制图

前后衣片基础线制图如图 3-2 所示。

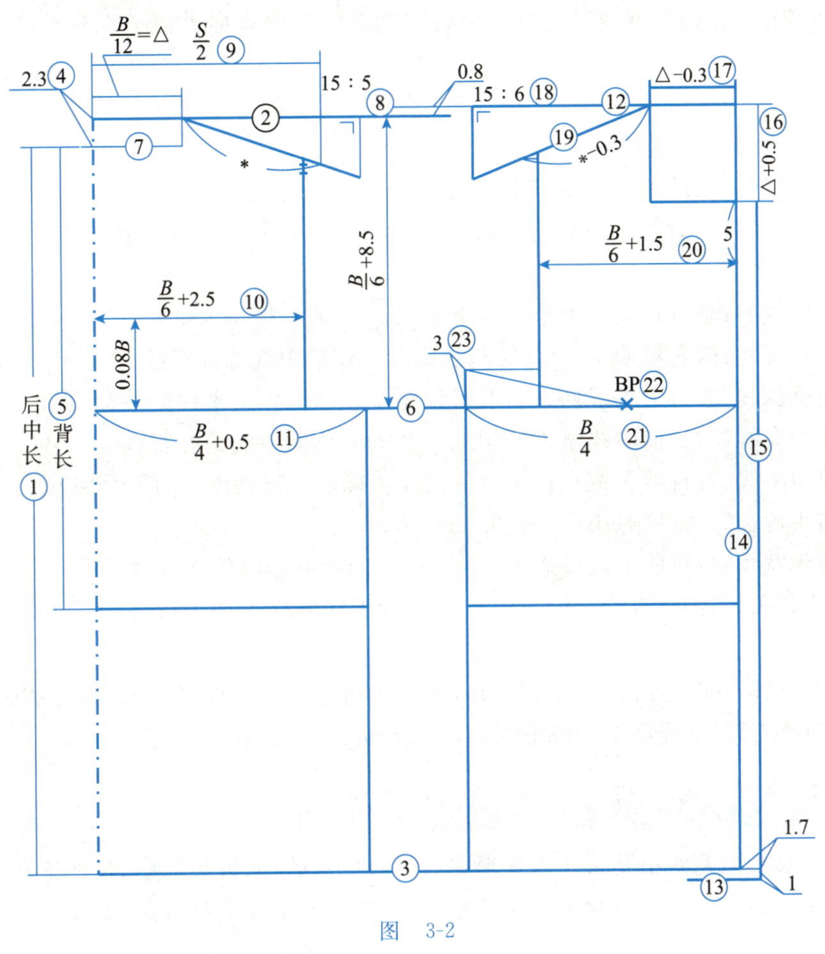

图　3-2

1）后衣片

（1）后中长①：最先绘制的基础线条。

（2）上平线②：垂直于后中基础线。

（3）下平线③：垂直于后中基础线，位于该线的最下端，即底边线。

（4）后领深线④：自上平线向上量取 2.3cm，作上平线的并行线。

（5）腰节线⑤：自后领深点向下量取背长规格，作上平线的并行线。

（6）胸围线（袖窿深线）⑥：自侧颈点向下量 $B/6+8.5$。

（7）后领宽⑦：自后中线量进 $N/5$，作后中基础线的并行线。可以用 CorelDRAW 软件进行修改。

要点提示

袖窿深线的位置与衬衫的合体程度有关，越宽松的衣服，袖窿线越深；反之亦然。

（8）后肩斜线⑧：自后领宽点按 15∶5 的比值确定后肩斜度，作后肩斜线。

（9）后肩宽⑨：自后中线量取 $S/2$，并与后肩斜线相交。

（10）后背宽线⑩：自袖窿深线与后中线的交点向上量取 $0.08B$ 为起点，量取 $B/6+2.5$，作后中基础线的并行线。

（11）后胸围大（侧缝直线）⑪：自后中线与胸围线的交点向袖窿方向量取 $B/4+0.5$ 并垂直于下平线。

2）前衣片

在后衣片的基础上延长胸围线、腰节线。

（1）上平线⑫：在后衣片的基础上抬高 0.8cm，作并行线。

（2）下平线⑬：在后衣片的基础上低落 1cm，作并行线。前片下平线低落 1cm 是为了弥补前片的胸凸量。

（3）前中线⑭：垂直相交于上平线和下平线。

（4）止口线⑮：向右量取 1.7cm（翻门襟宽/2），作前中线的并行线。

（5）前领深线⑯：自上平线向下量取后领宽＋0.5cm，作上平线的并行线。

（6）前领宽线⑰：自前中线量进后领宽－0.3cm，作前中线的并行线。

（7）前肩斜线⑱：自前领宽点按 15∶6 的比值确定后肩斜度，作后肩斜线。

（8）前小肩长⑲：量取后小肩长－0.3cm。

（9）前胸宽线⑳：自前中线量进 $B/6+1.5$，作前中基础线的并行线。

（10）前胸围大（侧缝直线）㉑：自前中线与胸围线的交点向袖窿方向量取 $B/4$，并垂直于下平线。

（11）BP 点㉒：前肩点向下 24～25cm，前中向侧缝方向取 9～9.5cm 的坐标原点。

（12）前胸省㉓：袖窿深线和侧缝交点向上 3cm 并连接 BP 点。

要点提示

前领宽比后领宽略小是由于人体颈部的形状决定的，从侧面观察，颈部下端的斜截面近似桃形，前领口平，而后领口有凸面弧形，所以领的造型是前窄后宽，因此前领宽小于后领宽。

2. 前后衣片轮廓线和结构线制图

前后衣片轮廓线和结构线制图如图 3-3 所示。

1）后衣片

（1）后领圈弧线：作图方法如图 3-4 所示。

（2）后袖窿弧线：作图方法如图 3-5 所示。

（3）后侧缝弧线：腰节处，侧缝偏进 1cm；在下平线，侧缝底摆直线偏出 1cm，起翘 4.5cm，并画成顺畅的弧线。

（4）底边弧线：自下平线向上 4.5cm，与后侧缝线保持垂直。

（5）后育克线：后颈点向下量取 9cm 作直线平行于上平线，即育克的下口线。在育克下口线与袖窿弧线的交点向上取 0.7cm，与下口线圆顺连接为育克分割线（图 3-6）。

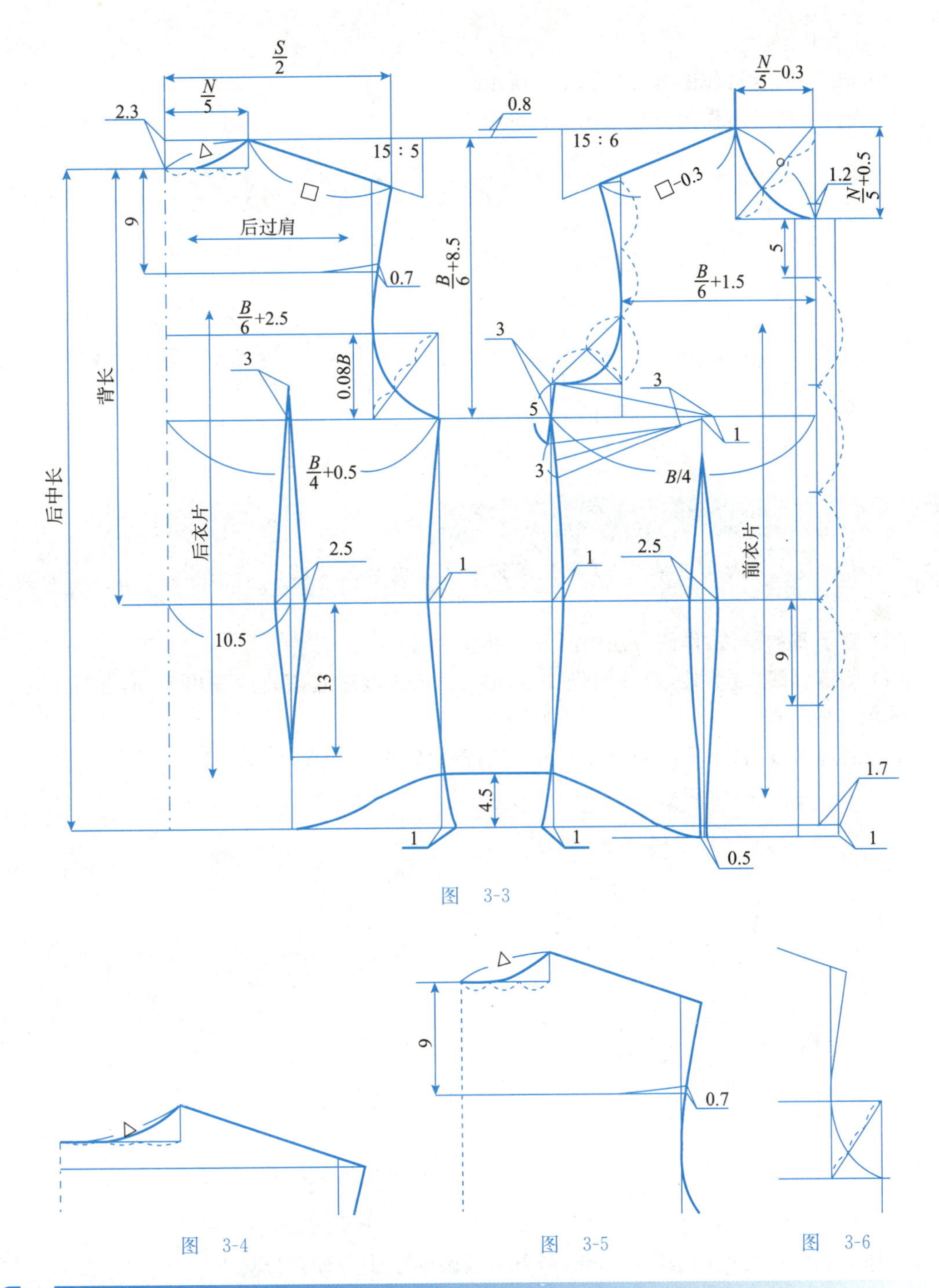

图　3-3

图　3-4

图　3-5

图　3-6

要点提示

育克分割处可以设置0.5～1cm的省量，这样可以将部分肩省量转移到袖窿，目的是满足后背肩胛骨凸起的需要。

（6）后腰省：从后中向侧缝方向取10.5cm画省道线，省道长袖窿深线向上取3cm，臀围线向下取13cm，腰省大2.5cm。

2）前衣片

（1）前领圈弧线：作图方法如图 3-7 所示。

（2）前袖窿弧线：作图方法如图 3-8 所示。

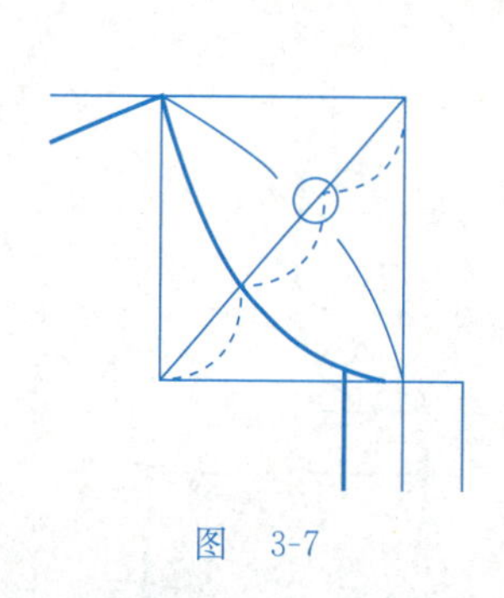

图 3-7

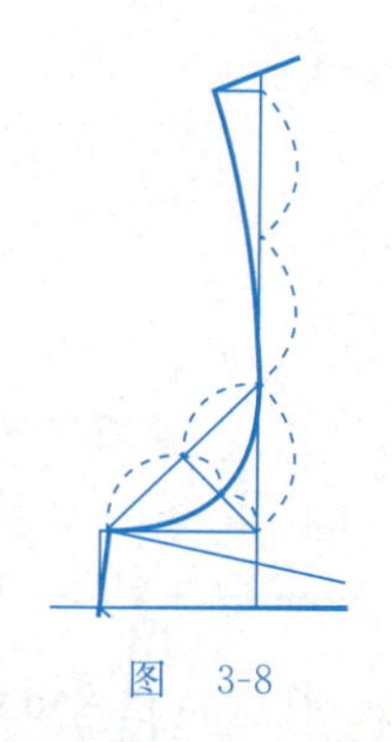

图 3-8

要点提示

侧缝线与底摆夹角应保持 90°才能保证衣片侧缝合后圆顺。

（3）腋下省的画法：作图方法如图 3-9 所示。

（4）侧缝弧线：腰节处，侧缝偏进 1cm；在下平线，侧缝底摆直线偏出 1cm，起翘4.5cm，并画成顺畅的弧线。

（5）底边弧线：自下平线向上 4.5cm，与后侧缝线保持垂直，如图 3-10 所示。

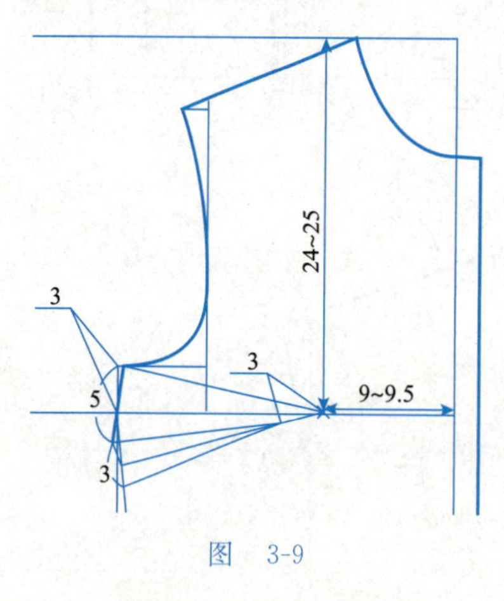

图 3-9

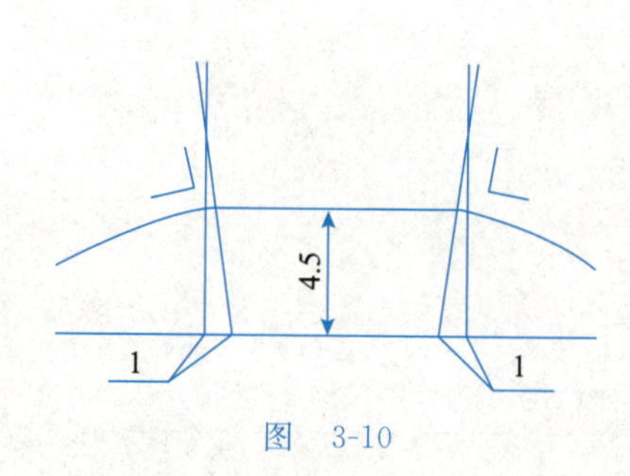

图 3-10

（6）后育克线：后颈点向下量取 9cm 作直线平行于上平线，既育克的下口线。在育克下口线与袖窿弧线的交点向上取 0.7cm，与下口线圆顺连接为育克分割线。

（7）前腰省：BP 点向侧缝方向偏移 1cm 作底边垂线，上省尖距 BP 点垂直距离 3cm、腰省大 2.5cm，底边省大 1cm。

（8）定翻门襟宽：往左边作止口线的并行线，距离为叠门宽的两倍。

（9）纽扣位：第一粒纽扣位于前领深向上 1.2cm 处，第二粒纽扣位于前领深向下 5cm处。末粒扣在背长线向下 9cm，其他三粒扣等分。

（10）胸省转移步骤。

① BP点定位：从肩颈点往下量取24.5cm；再从前中心线往袖窿方向量取9.5cm，它们相交的点为BP点（胸高点）。

② 定出腋下省的位置：自腋点往下量取5cm定点，再从该点往下量取省量3cm，将这两个点与BP点连接。两条省道线要保持相等并修正省尖距BP点3cm，连接新省道线。

要点提示

叠门宽可根据纽扣直径＋(0～0.5cm)来计算。

3. 袖子制图

袖子制图如图3-11所示。

(1) 上平线：作基础直线。

(2) 下平线：量取袖长－袖克夫宽，并平行于上平线。

(3) 袖中线：与上平线下平线垂直相交。

(4) 袖山深线：自上平线向下量取AH/3，并作并行线。

(5) 袖肘线：自上平线向下量取袖长/2＋2.5cm，并作并行线。

(6) 前袖斜线：量取前AH－0.5的长度作前袖斜线。

(7) 后袖斜线：量取后AH的长度作后袖斜线。

(8) 袖口大：量取袖克夫大＋褶量－大、小袖衩＋装大、小袖衩的缝份，以袖中线为中心进行两边平分。

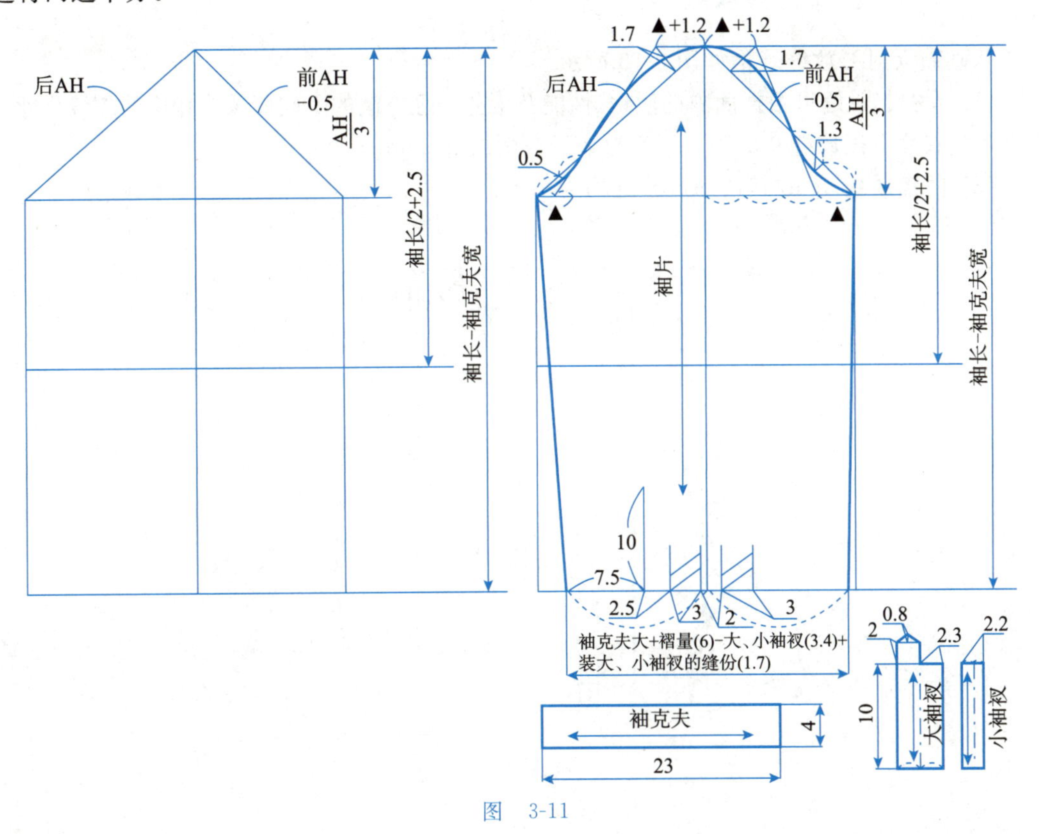

图　3-11

(9) 袖底线：将前、后袖口大与前、后袖肥大点连接，形成袖底缝。

(10) 袖山弧线：根据前后袖上控制线，用弧线画顺。

(11) 袖衩位：自后袖底线向袖中线方向量取 7.5cm 定出袖衩位。

(12) 袖口褶裥的定位：自袖衩位向袖中线方向量取 2.5cm 定出第一个褶裥的起点，接着往右量取 3cm 为第一个褶裥；再往右 2cm 为褶裥之间的距离，接着再往右量取 3cm 为第二个褶裥。

4. 零部件制图

领子的作图方法如图 3-12 所示。

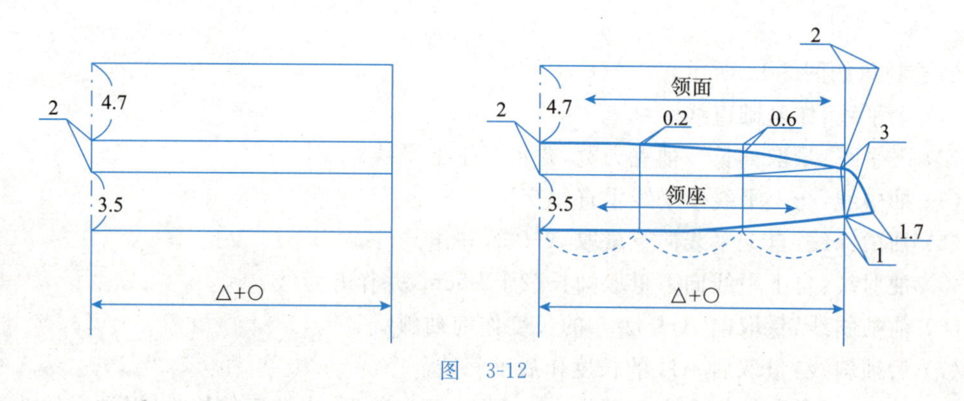

图 3-12

(四) 基础款女衬衫放缝

基础款女衬衫放缝规格如图 3-13 所示。

(1) 女衬衫放缝可根据面料的质地、性能及工艺处理方法的不同而采取相应的放缝尺寸。

(2) 衣片下摆放缝 0.8～1cm，若为平下摆则放缝 2cm。

(3) 门襟放缝 4cm，其余部位放缝均为 1cm。

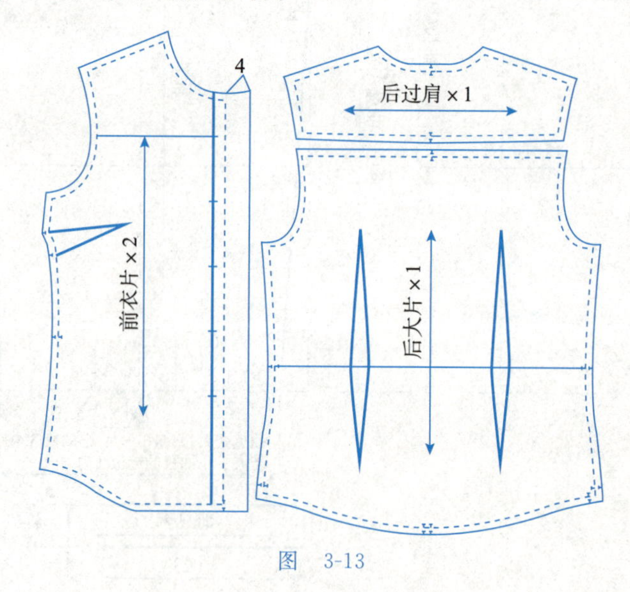

图 3-13

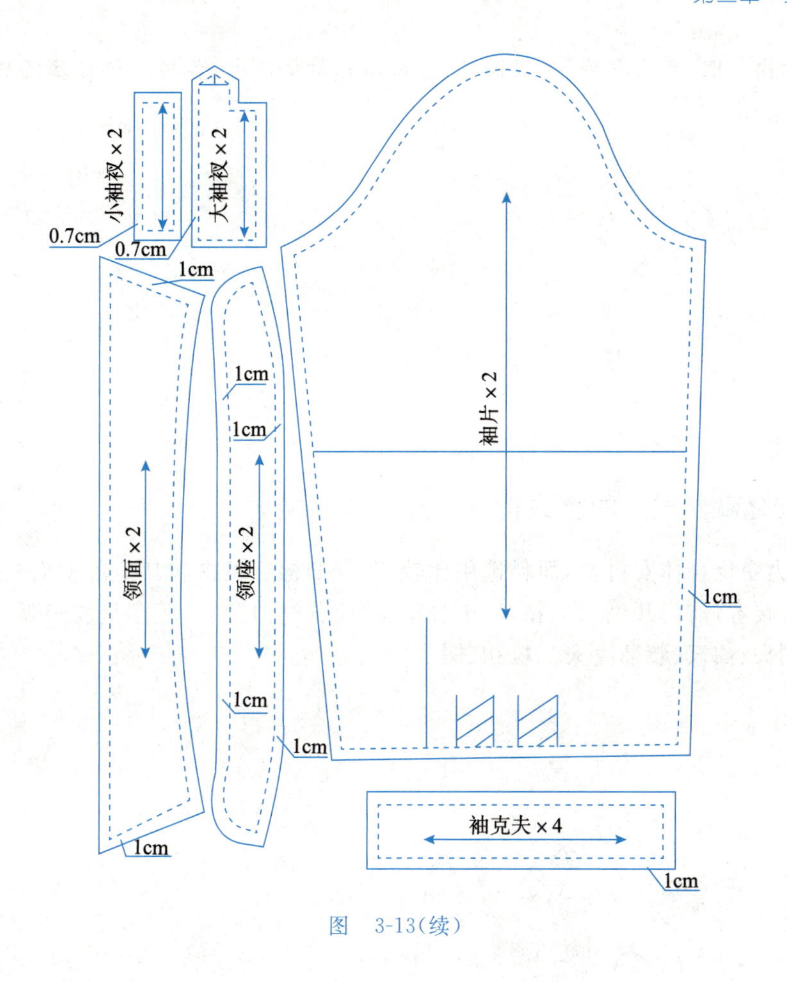

图 3-13(续)

(五)基础款女衬衫样板名称及裁片数量

基础款女衬衫样板名称及裁片数量见表 3-2。

表 3-2 基础款女衬衫样板名称及裁片数量

序 号	裁片名称	数 量	序 号	裁片名称	数 量
1	后过肩	2	6	领面	2
2	后衣片	1	7	领座	2
3	前衣片	2	8	小袖衩	2
4	袖片	2	9	大袖衩	2
5	袖克夫	4	—	—	—

拓展与练习

(1) 按 1∶5 的比例默画基础款女衬衫结构图。

(2) 选择不同的面料,用自己或家人的规格尺寸绘制 1∶1 比例结构图并制作样衣。

要求：结构合理、尺寸准确、弧线圆顺、基础与轮廓线清晰、各项标识标注清楚。

二、变化款女衬衫

（一）变化款女衬衫的款式特点

此款式为变化合体女衬衫，面料选用比较广泛（如棉麻织物和其他薄型面料）；前衣片拼接塔克褶、胸腰省，前门开襟六粒扣，后中分割、袖窿分割刀背省，底摆呈波浪弧形，袖口收两个褶裥、宝剑头、袖衩、装袖克夫二粒扣（图3-14）。

图　3-14

（二）制图规格

变化款女衬衫纸样制图规格见表3-3。

表3-3　变化款女衬衫纸样制图规格　　单位：cm

号型	部位	后中长(BCL)	胸围(B)	背长(BWL)	腰围(W)	肩宽(S)	袖长(SL)	袖口大(CW)	袖克夫长/宽
160/84A	规格	60	92	37	78	39	58	21	23/6

（三）变化款女衬衫的结构制图

1. 前后衣片基础线制图

前后衣片基础线制图如图 3-15 所示。

1）后衣片

（1）后中长①：最先绘制的基础线条。

（2）上平线②：垂直于后中基础线。

（3）下平线③：垂直于后中基础线，位于该线的最下端，即底边线。

（4）后领深线④：自上平线向上量取 2.3cm，作上平线的平行线。

（5）腰节线⑤：自后领深点向下量取背长规格，作上平线的平行线。

（6）胸围线（袖窿深线）⑥：自侧颈点向下量 $B/6+8.5$。

（7）后领宽⑦：自后中线量进 $B/12$，作后中基础线的平行线。

（8）后肩斜线⑧：自后领宽点按 15∶5 的比值确定后肩斜度，连接侧颈点和肩点画出肩斜线。

（9）后肩宽⑨：自后中线量取 $S/2$，并与后肩斜线相交。

（10）后背宽线⑩：自袖窿深线与后中线的交点向上量取 $0.08B$ 为起点，量取 $B/6+2.5$，作后中基础线的平行线。

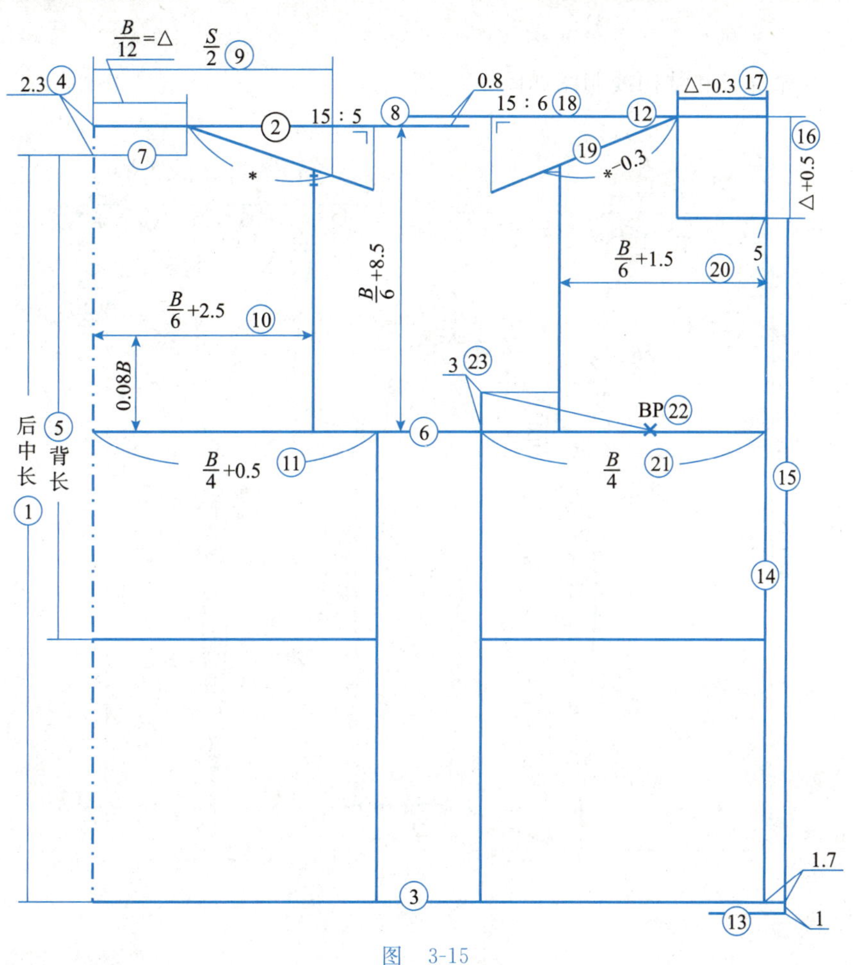

图 3-15

（11）后胸围大（侧缝直线）⑪：自后中线与胸围线的交点向袖窿方向量取 $B/4+0.5$ 并垂直于下平线。

2）前衣片

（1）上平线⑫：在后衣片的基础上抬高 0.8cm，作平行线。

（2）下平线⑬：在后衣片的基础上低落 1cm，作平行线。

（3）前中线⑭：垂直相交于上平线和下平线。

（4）止口线⑮：向右量取 1.7cm（翻门襟宽/2），作前中线的平行线。

（5）前领深线⑯：自上平线向下量取后领宽＋0.5cm，作上平线的平行线。

（6）前领宽线⑰：自前中线量进后领宽－0.3 cm，作前中线的平行线。

（7）前肩斜线⑱：自前领宽点按 15∶6 的比值确定后肩斜度，作后肩斜线。

（8）前小肩长⑲：量取后小肩长－0.3 cm。

（9）前胸宽线⑳：自前中线量进 $B/6+1.5$，作前中基础线的平行线。

（10）前胸围大（侧缝直线）㉑：自前中线与胸围线的交点向袖窿方向量取 $B/4$，并垂直于下平线。

（11）BP 点㉒：前肩点向下 24～25cm，前中向侧缝方向取 9～9.5cm 的坐标原点。

（12）前胸省㉓：袖窿深线和侧缝交点向上 3cm 并连接 BP 点。

2. 前后衣片轮廓线和结构线制图

前后衣片轮廓线和结构线制图如图 3-16 所示。

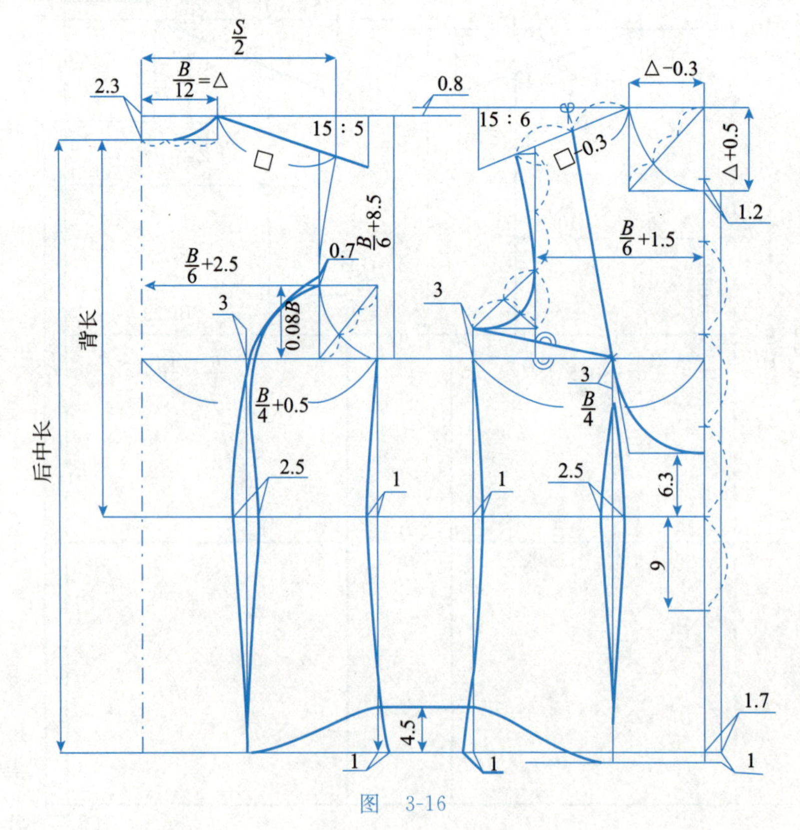

图 3-16

1）后衣片

（1）后领圈弧线：同基础款女衬衫。

（2）后袖窿弧线：同基础款女衬衫。

（3）后侧缝弧线：腰节处，侧缝偏进 1cm；在下平线上，侧缝底摆直线偏出 1cm，起翘 4.5cm，并画成顺畅的弧线。

（4）底边弧线：自下平线向上 4.5cm，与后侧缝线保持垂直。

（5）后腰省：从后中向侧缝方向取 10.5cm 画省道线，腰省大 2.5cm。

（6）后刀背分割线：在原省道线基础上向下延长至底边、后大片刀背分割线向上弧线连接后背宽线抬高的 0.7cm 处，后小片刀背分割线弧线连接后背宽点（图 3-17）。

要点提示

肩省 0.7cm 的量通过后刀背分割线在袖窿上切割掉（见图 3-17）。

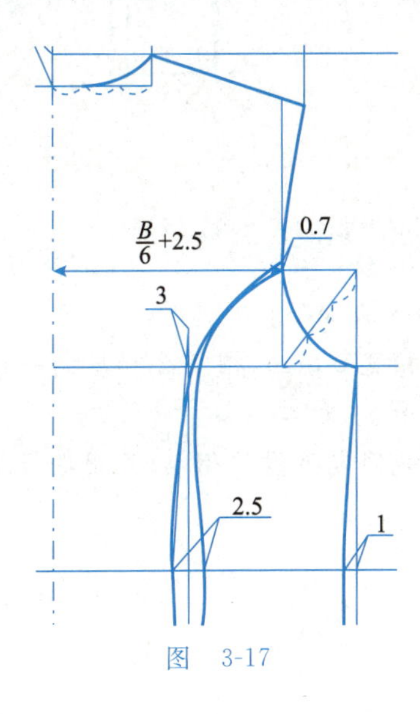

图 3-17

2）前衣片

（1）前领圈弧线：同基础款女衬衫。

（2）前袖窿弧线：同基础款女衬衫。

（3）侧缝弧线：腰节处，侧缝偏进 1cm；在下平线上，侧缝底摆直线偏出 1cm，起翘 4.5cm，并画成顺畅的弧线。

（4）底边弧线：自下平线向上 4.5cm，与后侧缝线保持垂直。

（5）前腰省：BP 点向底边作垂线，上省尖距 BP 点垂直距离 3cm、腰省大 2.5cm。

（6）袖窿省转移线：作图方法如图 3-18 所示。

（7）塔克衣片分割线：距腰节线 6.3cm 画一条平行线，过 1/2 肩斜线过 BP 点作一条直线与底边线相交，然后画圆弧转折角。

（8）纽扣位：第一粒纽扣位于前领深向上 1.2cm 处，第二粒纽扣位于前领深向下 5cm 处。末粒扣在背长线向下 9cm，其他三粒扣等分。

(9) 前片修正完整图如图 3-19 所示。

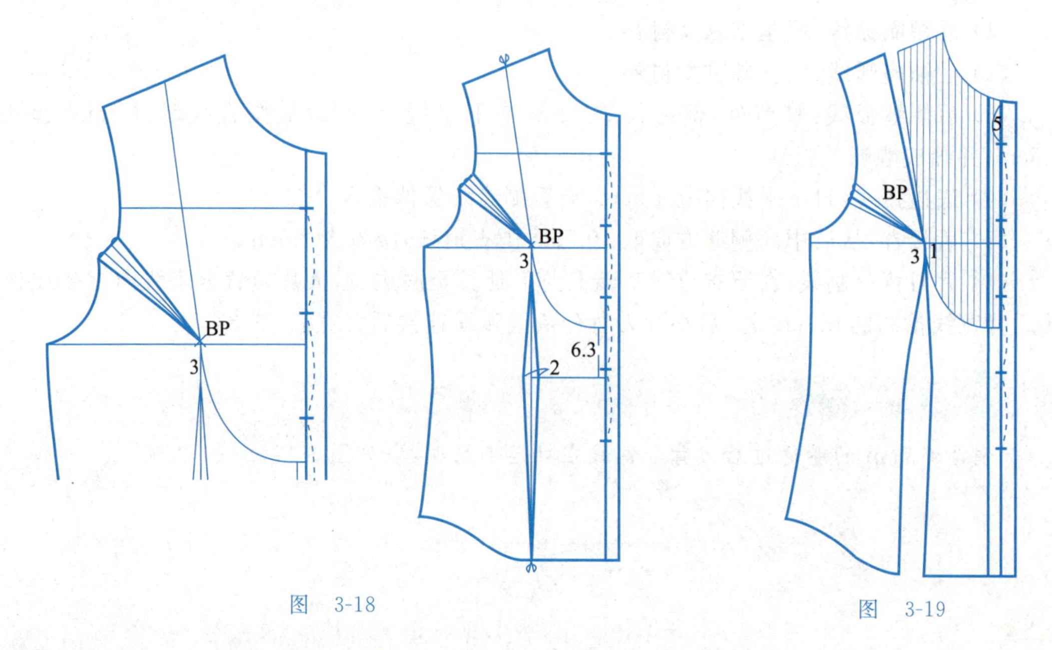

图 3-18

图 3-19

要点提示

前胸塔克褶处理(图 3-20)方法如下。

(1) 在纸板上用直尺画出褶宽 0.8cm,褶量 2cm。向一侧倒顺式折叠,另外用毛样板直丝方向附在上面裁剪修正纸样。

(2) 捏起布料沿经纱方向先固定再熨烫褶裥,再用毛样板附在上面裁剪修正。

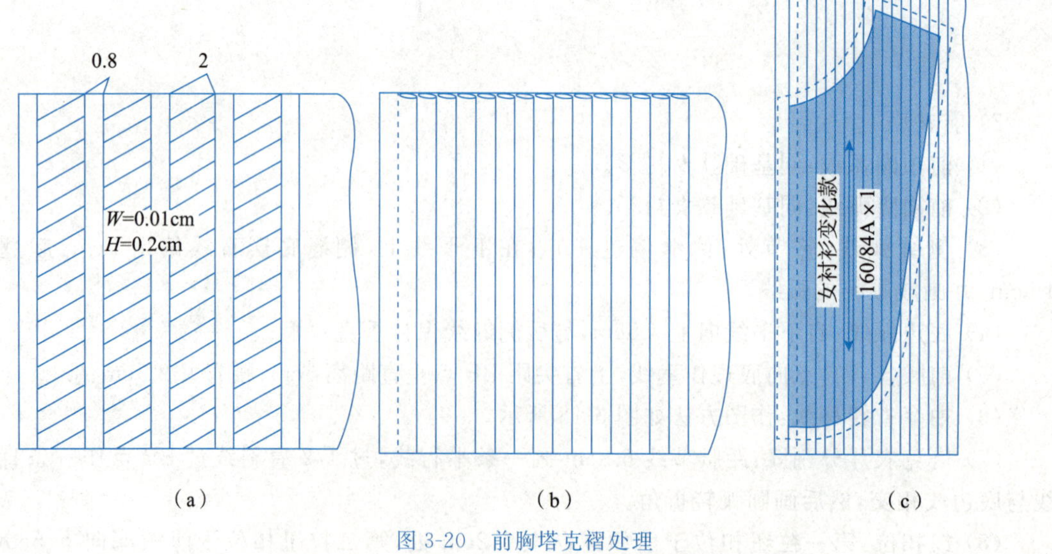

图 3-20 前胸塔克褶处理

3）袖子结构制图

袖子结构制图如图 3-21 所示。

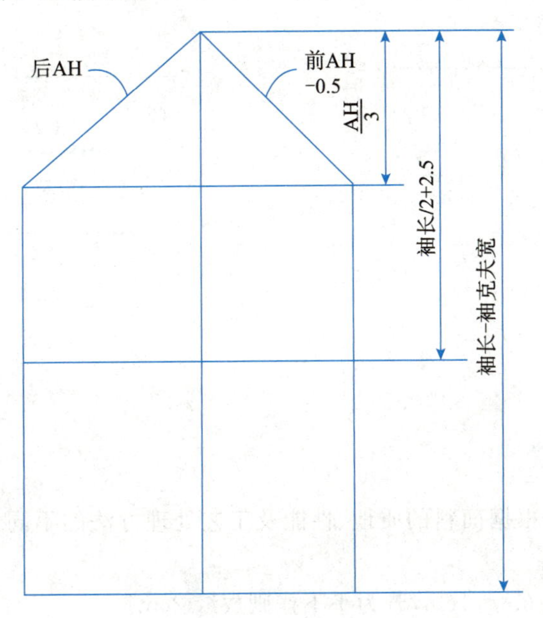

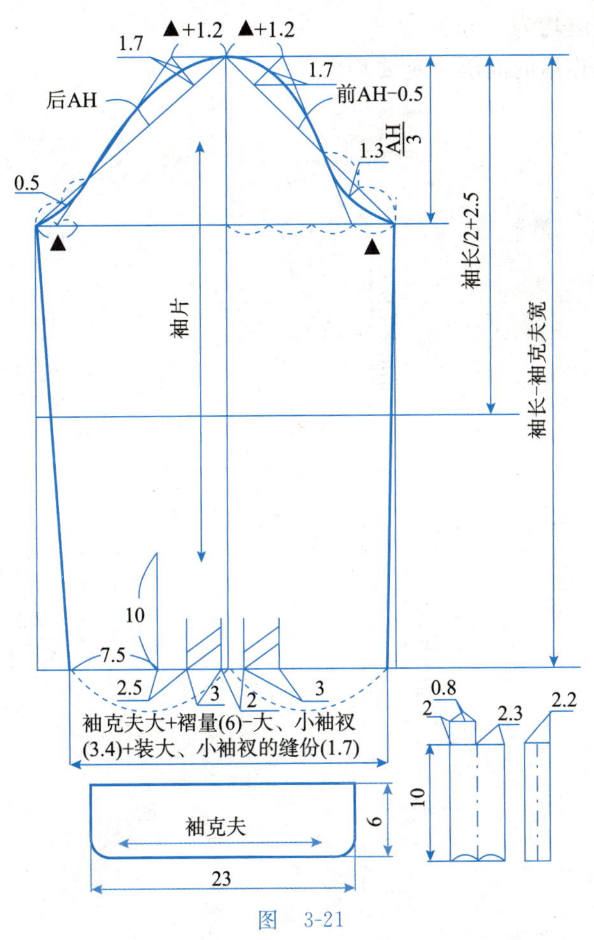

图　3-21

4）领子框架图、领子结构制图

领子框架图如图 3-22 所示，领子结构制图如图 3-23 所示。

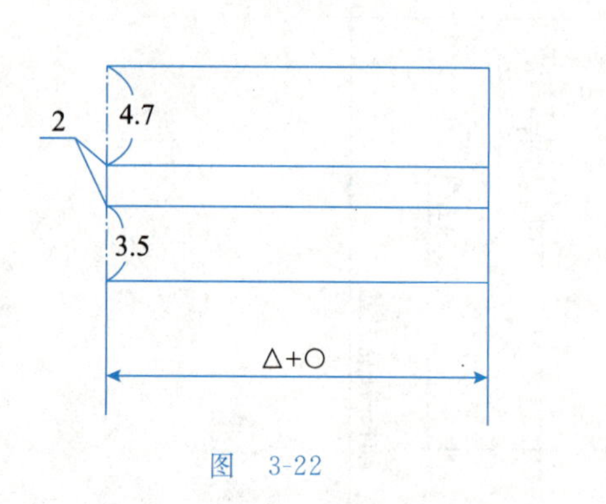

图 3-22

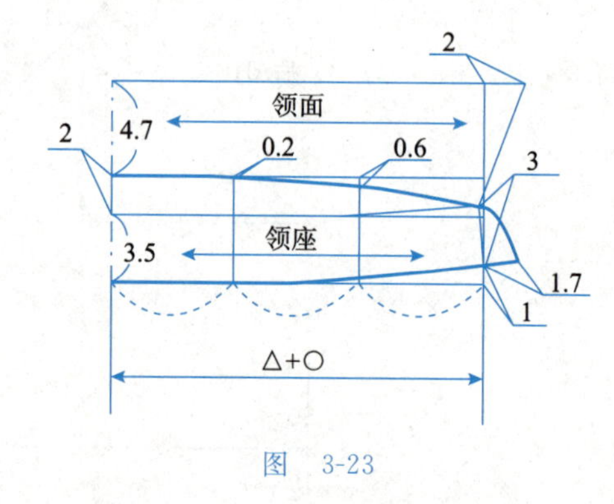

图 3-23

(四) 女衬衫放缝

(1) 女衬衫放缝可根据面料的质地、性能及工艺处理方法的不同，而采取相应的放缝尺寸(图 3-24 和图 3-25)。

(2) 衣片下摆放缝 0.8～1cm，若为平下摆则放缝 2cm。

(3) 其余部位放缝均为 1cm。

(4) 塔克样板制作褶的间隔一定要均匀。

图 3-24

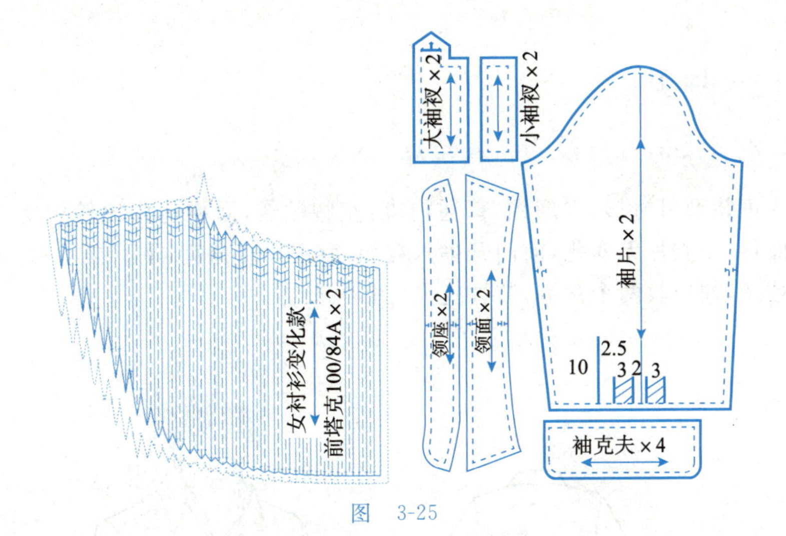

图　3-25

（五）女西裤样板名称及裁片数量

女西裤样板名称及裁片数量见表 3-4。

表 3-4　女西裤样板名称及裁片数量

序　号	裁片名称	数　量	序　号	裁片名称	数　量
1	后大片	2	7	袖片	2
2	后小片	2	8	袖克夫	4
3	前侧片	2	9	小袖衩	2
4	前小片	2	10	大袖衩	2
5	前塔克	2	11	领座	2
6	前门襟	4	12	领面	2

拓展与练习

（1）按 1∶5 的比例默画变化款女衬衫结构图。

（2）通过各种渠道（如电视剧、时尚杂志、市场）调研，选择 2～4 款不同款式的衬衫进行结构设计。

要求：结构合理、尺寸准确、弧线圆顺、基础与轮廓线清晰、各项标识标注清楚。

三、正装型长袖男衬衫

（一）正装型长袖男衬衫的款式特点

此款式为正装型男衬衫，立翻领，普通门襟，左胸贴袋，面料选用比较广泛，如棉麻织物和其他薄型面料；前衣片无变化，前门开襟六粒扣，后衣片装育克，平下摆，一片式长袖，袖口处开宝剑头袖衩，袖口收两个褶裥，装袖克夫（图 3-26）。

图 3-26

（二）制图规格

男衬衫纸样制图规格见表 3-5。

表 3-5 男衬衫纸样制图规格　　单位：cm

号型	部位	后中长（BCL）	胸围（B）	肩宽（S）	背长（BWL）	领围（N）	袖长（SL）	袖口大（CW）	袖克夫长/宽
170/88A	规格	72	108	42	42.8	39	60	24	26/5.5

（三）正装型长袖男衬衫结构制图

1. 前后衣片基础线制图

前后衣片基础线制图规格如图 3-27 所示。

1）后衣片

（1）后中长：最先绘制的基础线条。

（2）上平线：垂直于后中基础线。

（3）下平线：垂直于后中基础线，位于该线的最下端，即底边线。

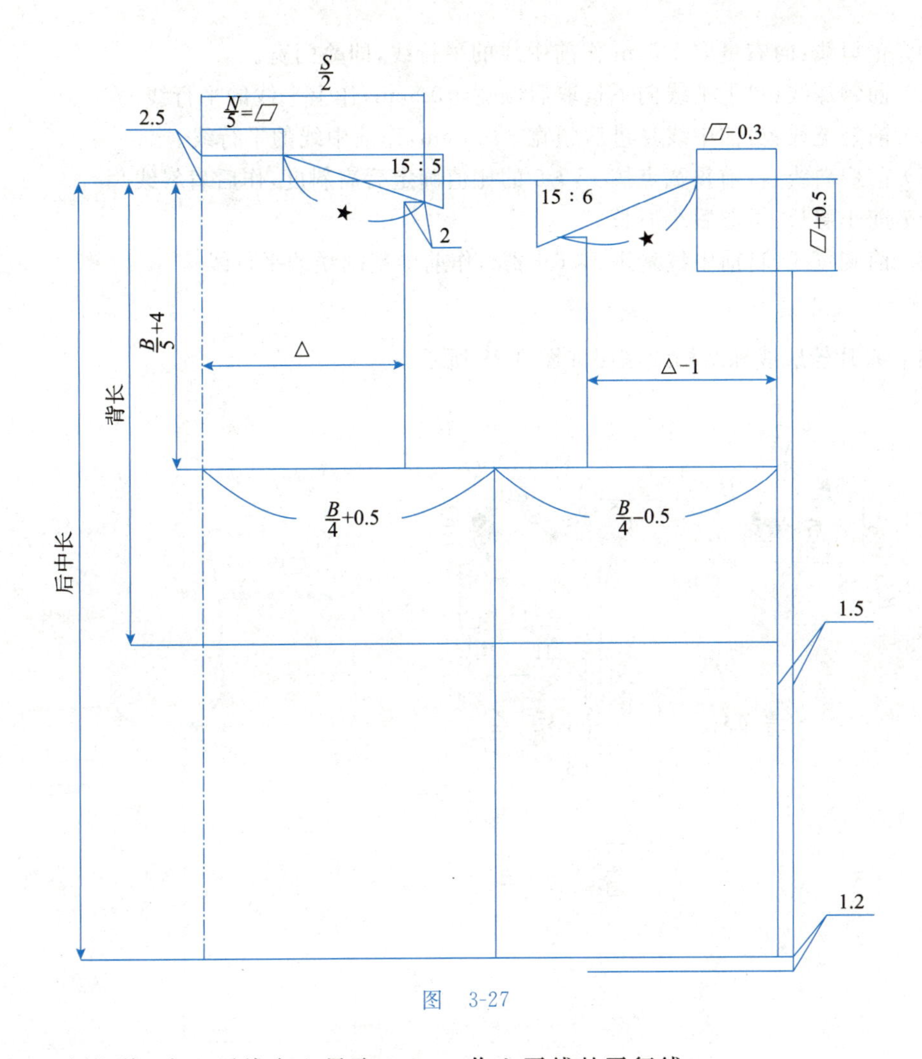

图 3-27

(4) 后领深线：自上平线向上量取 2.5cm，作上平线的平行线。

(5) 腰节线：自后领深点向下量取背长规格，作上平线的平行线。

(6) 胸围线(袖窿深线)：自侧颈点向下量 $B/6+8.5$。

(7) 后领宽：自后中线量进 $N/5$，作后中基础线的平行线。

(8) 后肩斜线：自后领宽点按 15∶6 的比值确定后肩斜度，作后肩斜线。

(9) 后肩宽：自后中线量取 $S/2$，并与后肩斜线相交。

(10) 后背宽线：自袖窿深线与后中线的交点向上量取 9.5 为起点，量取 $B/6+3$，作后中基础线的平行线。

(11) 后胸围大(侧缝直线)：自后中线与胸围线的交点向袖窿方向量取 $B/4+0.5$ 并垂直于下平线。

2) 前衣片

(1) 上平线：在后衣片的基础上抬高 2.7cm，作平行线。

(2) 下平线：在后衣片的基础上低落 1.2cm，作平行线。

(3) 前中线：自后衣片的侧缝线为起点，并在胸围线上量取 $B/4-0.5$，作直线垂直相交于上平线和下平线。

(4) 止口线:向右量取 1.5cm 作前中线的平行线,即叠门宽。

(5) 前领深线:自上平线向下量取后领宽+0.5cm,作上平线的平行线。

(6) 前领宽线:自前中线量进后领宽−0.3 cm,作前中线的平行线。

(7) 前肩斜线:自前领宽点按 15∶5 的比值确定后肩斜度,作后肩斜线。

(8) 前小肩长:量取后小肩长。

(9) 前胸宽线:自前中线量进 $B/6+2.3$,作前中基础线的平行线。

2. 前后衣片轮廓线和结构线制图

前后衣片轮廓线和结构线制图如图 3-28 所示。

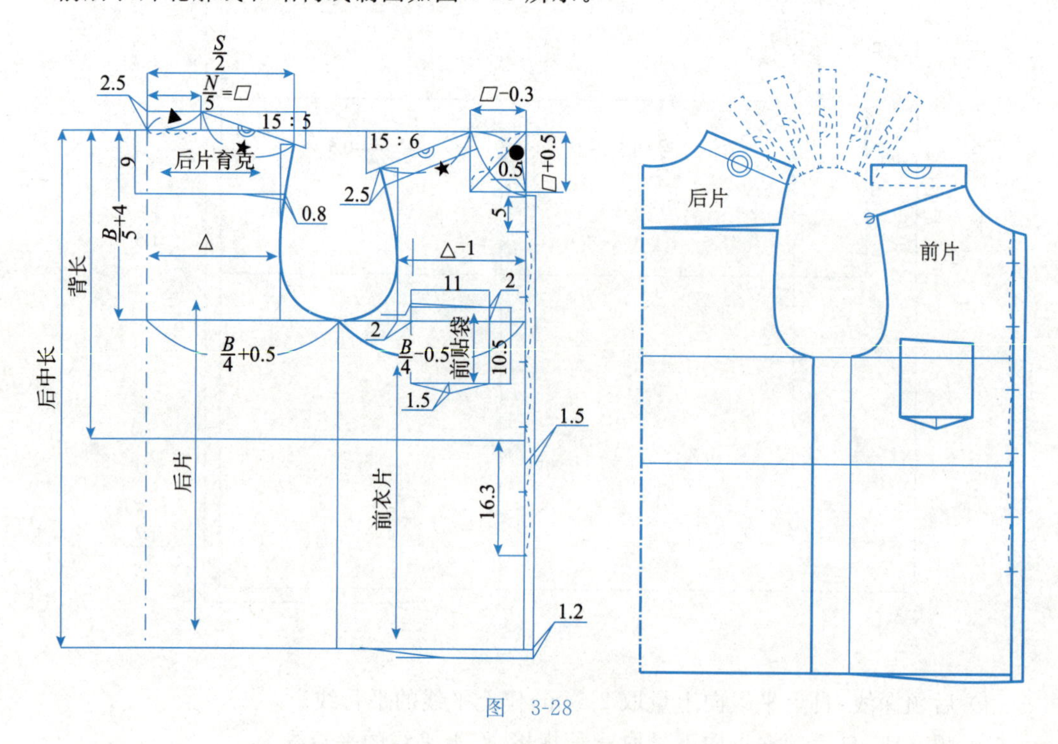

图 3-28

1) 后衣片

(1) 后领口弧线:后领宽线靠近后颈点 1/3 处起弧连接侧颈点(图 3-29)。

(2) 后袖窿弧线:过肩点、背宽点和腋下三点画弧线。

(3) 后育克线:后颈点向下 9cm 向袖窿方向画一条水平线与袖窿弧线交一点,此点向下 0.8cm处,再连接过肩线至后中为育克底边线(0.8cm 肩部省量转移到袖窿育克线挖掉)(图 3-29)。

2) 前衣片

(1) 前领口弧线:连接对角线并 3 等分,分别过前侧颈点、一等分点、前领深点弧线连接,前领口深向下挖 0.5cm 并画顺。

(2) 前袖窿弧线:过前肩点、前胸宽点、前腋下点连接弧线。

(3) 前育克线:自前肩斜线平等向下量取 2.5cm,平等于前肩斜线。

(4) 前、后侧缝线:基础结构示意图中的胸围大线。

(5) 前、后下摆线:前下摆线以前中心线下落 1.2 为起点,连接画顺侧缝线与下摆线的交点处;后下摆线即基础结构示意图中的下平线。

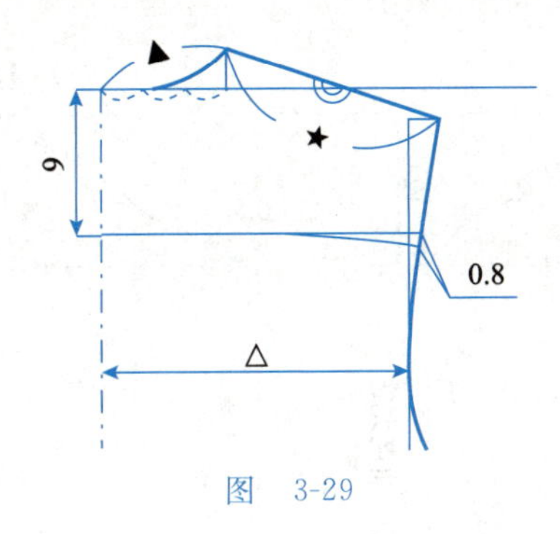

图　3-29

(6) 前贴袋：贴袋大小宽 11cm，长 10.5cm，口袋边线距前胸宽线 2cm，胸围线向上 2cm，靠近胸宽线口袋边线上提 0.5cm。

(7) 纽扣位：第一纽扣位在下领上，第二纽扣在领圈前中向下 5cm，末粒扣在腰围线向下 16.3cm，其他四粒扣等分。

(8) 育克：作图方法如图 3-30 所示。

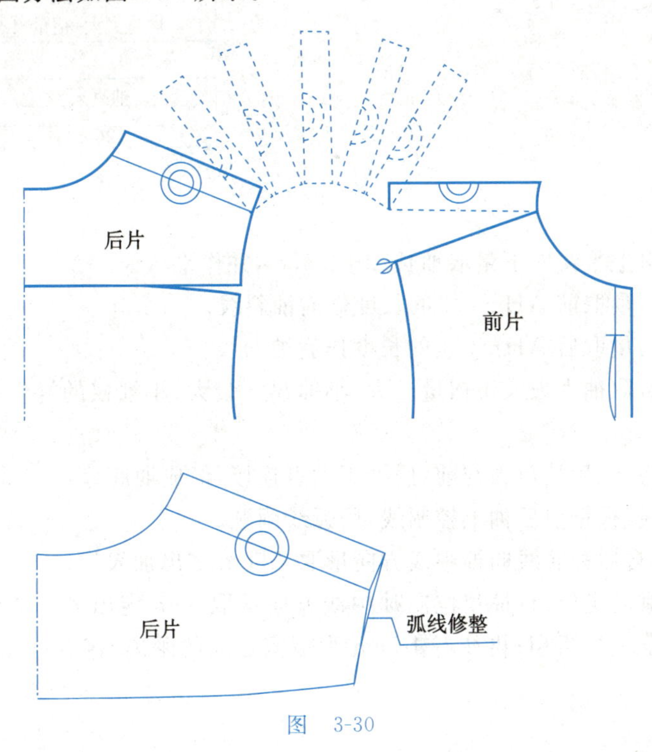

图　3-30

3. 袖子结构制图

袖子结构制图规格如图 3-31 所示。

(1) 上平线：作基础直线。

(2) 下平线：量取袖长－袖克夫宽，并平行于上平线。

(3) 袖中线：与上平线下平线垂直相交。

(4) 袖山深线：自上平线向下量取 AH/3，并作平行线。

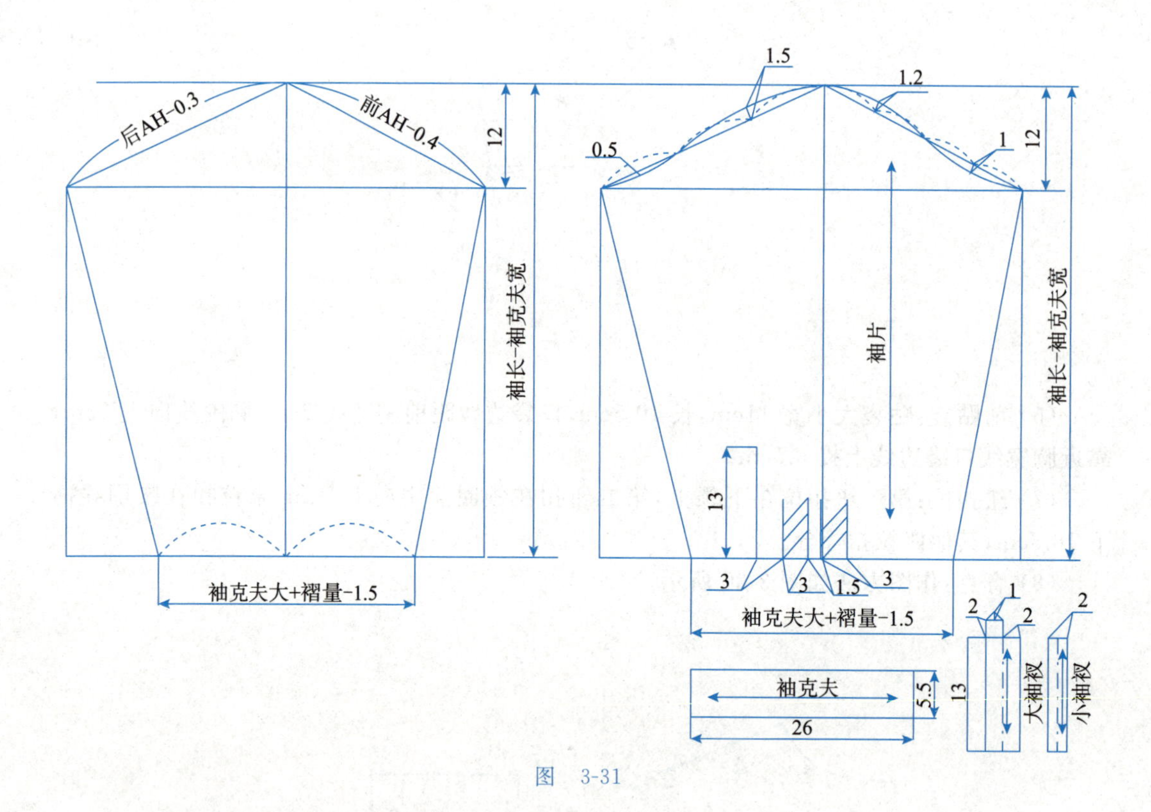

图 3-31

(5) 袖肘线：自上平线向下量取袖长/2＋2.5cm，并作平行线。

(6) 前袖斜线：量取前 AH－0.4 的长度作前袖斜线。

(7) 后袖斜线：量取后 AH－0.3 的长度作后袖斜线。

(8) 袖口大：量取袖克夫大＋褶量－大、小袖衩＋装大、小袖衩的缝份，以袖中线为中心进行两边平分。

(9) 袖底线：将前、后袖口大与前、后袖肥大点连接，形成袖底缝。

(10) 袖山弧线：根据前后袖上控制线，用弧线画顺。

(11) 袖衩位：自后袖底线向袖中线方向量取 7.5cm 定出袖衩位。

(12) 袖口褶裥的定位：自袖衩位向袖中线方向量取 3cm 定出第一个褶裥的起点，接着往右量取 3cm 为第一个褶裥；再往右 1.5cm 为褶裥之间的距离，接着再往右量取 3cm 为第二个褶裥。

4. 领子结构制图

领子结构制图如图 3-32 所示。

(1) 领子：先做一个基础的长方形框架，长＝后领弧线长度＋前领弧线长度，宽＝领座高 3.5cm＋间隙 2cm＋领面宽 4.7cm＝10.2cm，分别过间隙上下点画出领座上边线和领面下边线辅助线。

(2) 领座基线：领座底线前 1/3 处开始，从下领领底基线向上抬高 0.8cm，顺势延长 1.5cm的搭门量；过领座底线和前中线的交点作领座底线的垂线长为 2.9cm，然后圆顺领座上边线和领台圆角处。

（3）领面基线：延长领面上边线 2cm，过此点连接至 B 点；过 B 点画出弧线的领面底线。

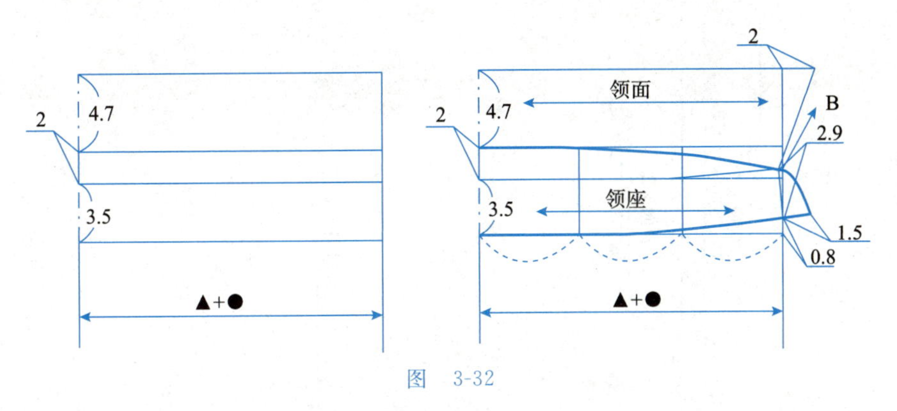

图　3-32

（四）正装型长袖男衬衫放缝

正装型长袖男衬衫放缝规格如图 3-33 所示。

（1）衣片下摆放缝 2.5cm，若为圆下摆则放缝 0.8～1cm。

（2）门襟放缝 5.7cm，里襟放缝 3.5cm。

（3）袋口贴边放缝 4cm。

（4）其余部位放缝均为 1cm。

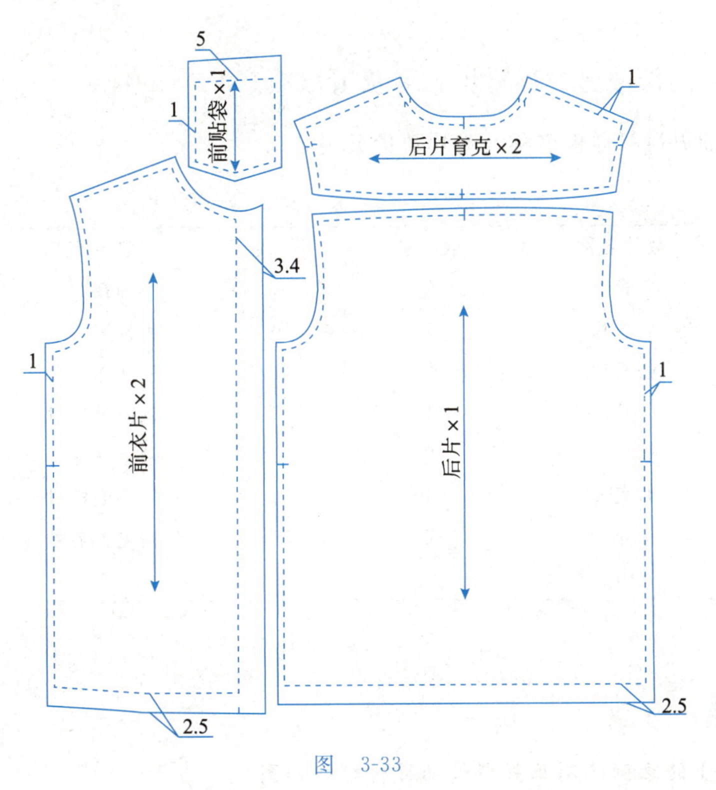

图　3-33

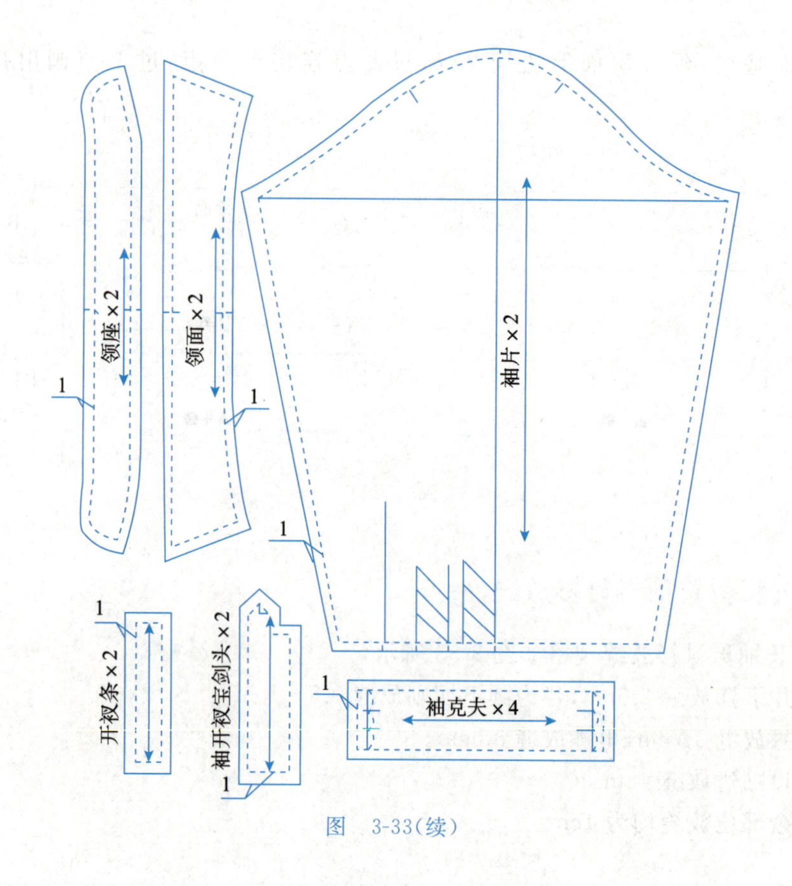

图 3-33(续)

(五)正装型长袖男衬衫样板名称及裁片数量

正装型长袖男衬衫样板名称及裁片数量见表 3-6。

表 3-6 正装型长袖男衬衫样板名称及裁片数量

序 号	裁片名称	数 量	序 号	裁片名称	数 量
1	后育克	2	9	小袖衩	2
2	后衣片	1	10	大袖衩	2
3	前衣片	2	11	领面净样衬	1
4	前贴袋	1	12	领面毛样衬	1
5	袖片	2	13	领座净样衬	1
6	袖克夫	4	14	领座毛样衬	1
7	领面	2	15	袖克夫毛样衬	2
8	领座	2	—	—	—

拓展与练习

(1) 按 1∶1 的比例绘制正装型长袖男衬衫结构图。

(2) 结合所学知识,根据家人的规格尺寸,设计一款男衬衫,并绘制出其 1∶1 结构图。

要求：结构制图结构合理、尺寸准确、弧线圆顺、基础与轮廓线清晰、各项标识标注清楚。

四、变化款男衬衫

（一）变化款男衬衫的款式特点

此款式为合体男衬衫，立翻领，明门襟，左胸贴袋，面料选用比较广泛（如棉麻织物和其他薄型面料）；前衣片无变化，前门开襟六粒扣，后片育克和收腰省；底摆呈波浪弧形，一片式长袖，袖口收两个褶裥、宝剑头、袖衩一粒扣、装袖克夫一粒扣（图 3-34）。

图　3-34

随着流行趋势的变化，男女装设计中性别差异的逐渐弱化，在一些局部制图的方法上也趋于雷同，本款采用了合体的结构设计，胸围加放 10cm 的放松量，腰围也同比例缩减，在束腰穿着时减少了腰部过多的堆积量，看上去更合体大气。

（二）制图规格

变化款男衬衫纸样制图规格见表 3-7。

表 3-7　变化款男衬衫纸样制图规格　　单位：cm

号型	部位名称	衣长（L）	胸围（B）	背长	肩宽（S）	领围（N）	袖长（SL）	袖口大（CW）	袖克夫长/宽
170/88A	成品尺寸	75	100	42.8	42	39	60	22	24/5.5

（三）变化款男衬衫结构制图

1. 前后衣片基础线制图

前后衣片基础线制图规格如图 3-35 所示。

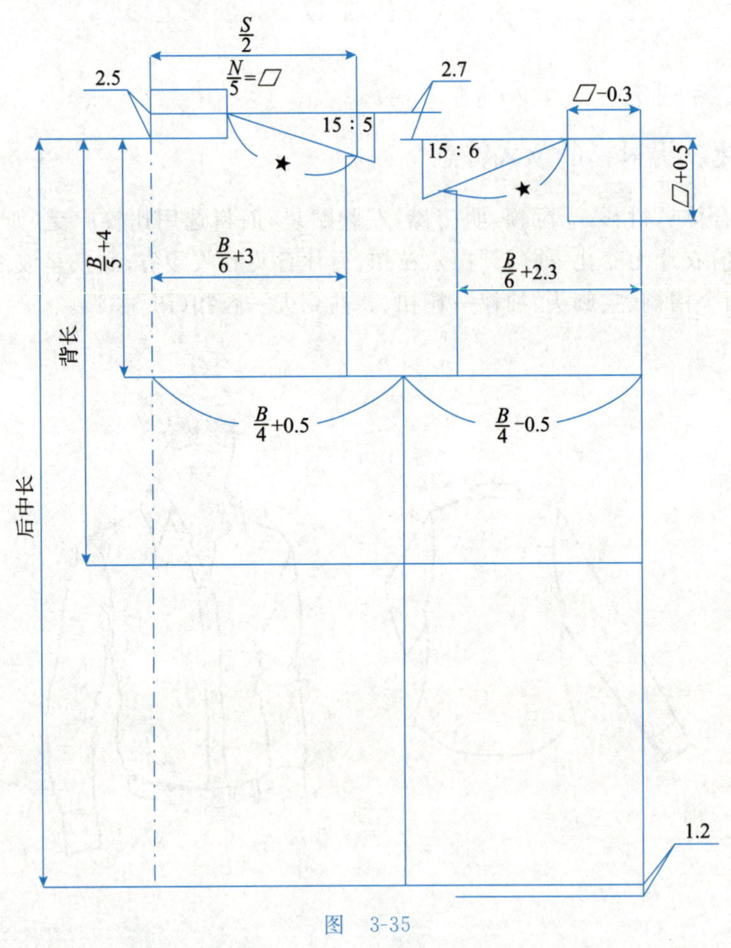

图　3-35

要点提示

在男上装的结构设计中，后腰节比前腰节长，产生前后腰节差，这是由于男子体型特征决定的，也是和女上衣结构上存在差异的地方。男子后背的浑厚和前胸的相对平坦，只有符合后长前短的腰节线结构设计，才使得穿着后不致出现后衣片底摆起吊一系列的弊病。本款后腰节比前腰节长出 2.7cm，在作图时后上平线下落 2.7cm 即前上平线。

2. 前后衣片轮廓线和结构线制图

前后衣片轮廓线和结构线制图如图 3-36 所示。

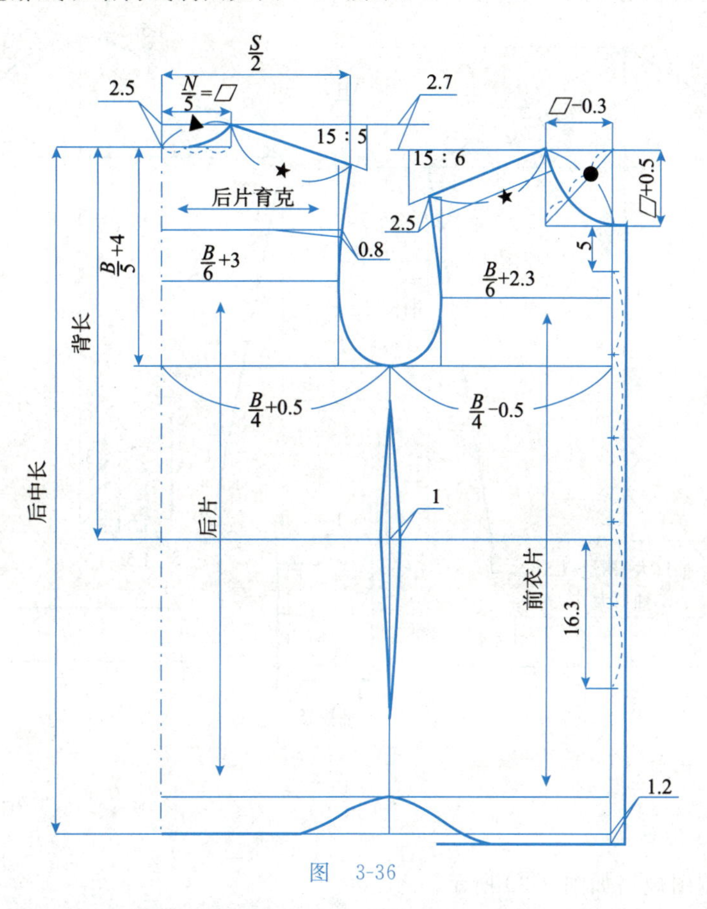

图　3-36

要点提示

(1) 前下摆浮余量。前下摆延长的 1.2cm 实际是弥补男性胸部挺起的量。

(2) 过肩。过肩是男衬衫的结构特点即将前肩的一部分借给后片，肩线往前移，前后肩线的长度必须保持相等，然后修正袖窿和领口的弧线(图 3-37)。

(3) 扣位。男衬衫的第一粒纽扣至第二粒纽扣的距离相对其他扣位距离要短一些，这是因为夏季男衬衫衣领敞开时，如果扣距一样大，外观就会看起来敞开得太大。

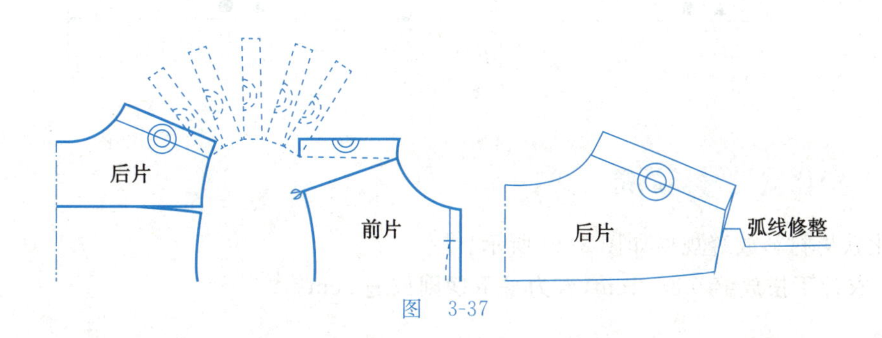

图　3-37

3. 袖子结构制图

袖子结构制图规格如图 3-38 所示。

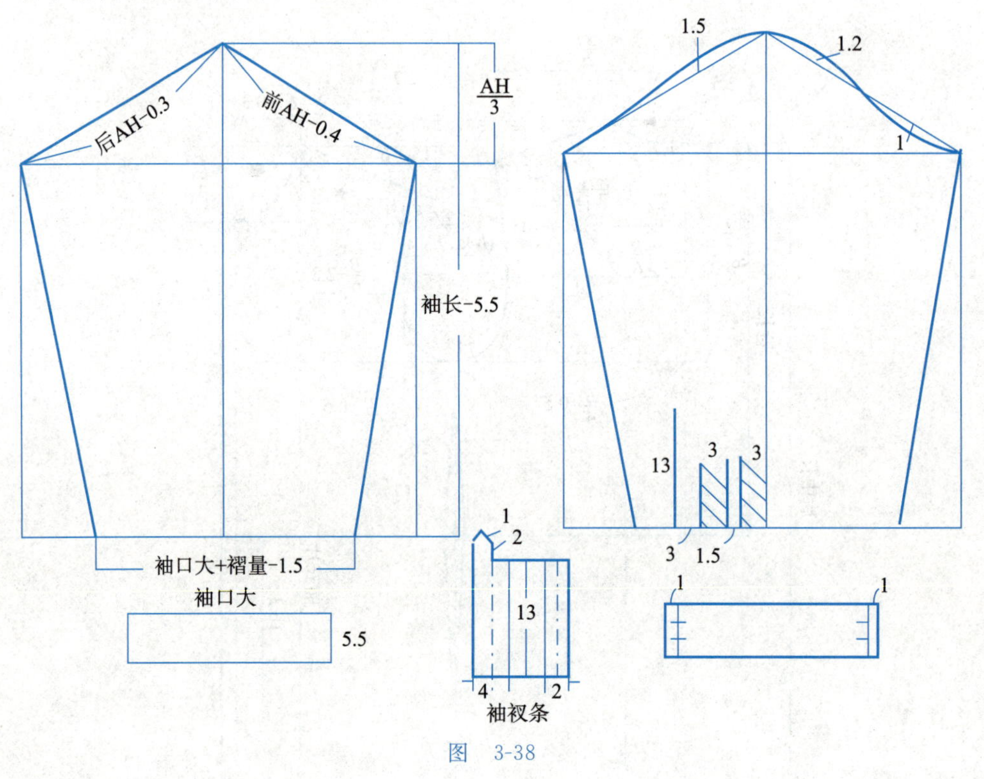

图 3-38

4. 领子结构制图

领子结构制图规格如图 3-39 所示。

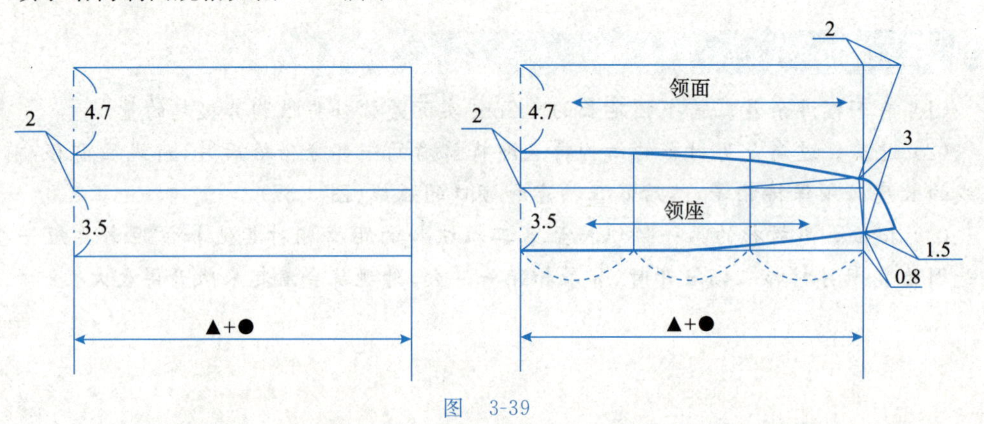

图 3-39

（四）变化款男衬衫放缝

变化款男衬衫放缝规格如图 3-40 所示。

(1) 衣片下摆放缝 0.8～1cm,若为平下摆则放缝 2cm。

（2）门襟放缝 5.7cm，里襟放缝 3.5cm。

（3）其余部位放缝均为 1cm。

要点提示

男衬衫在与西装搭配穿着时，主要起衬托的作用，后中衬衫领要高于西装领高，一般设领高度为 3.5～4cm，领面宽需考虑以翻折后不漏领座为原则，一般领面宽领座 0.7cm，面料厚可适当增加，领面最大限度不得超过 6cm。

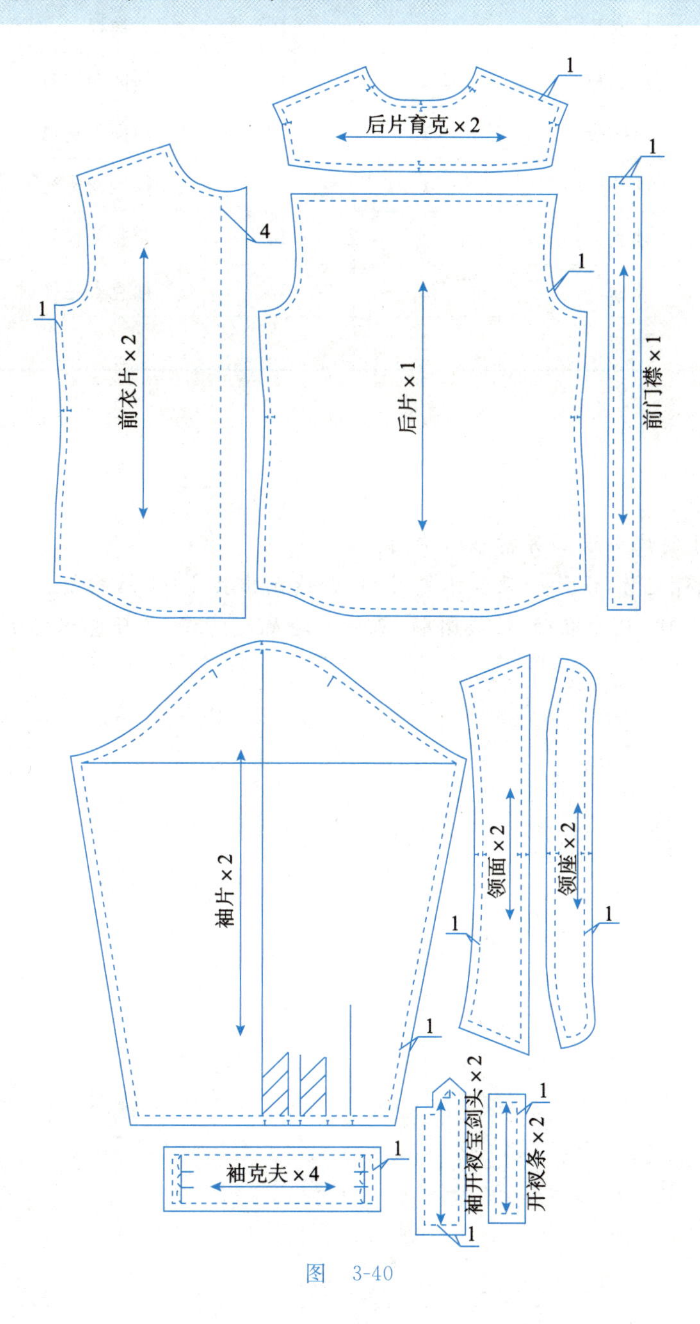

图　3-40

（五）变化款男衬衫样板名称及裁片数量

变化款男衬衫样板名称及裁片数量见表 3-8。

表 3-8　变化款男衬衫样板名称及裁片数量

序号	裁片名称	数量	序号	裁片名称	数量
1	后育克	2	9	小袖衩	2
2	后衣片	1	10	大袖衩	2
3	前衣片	2	11	领面净样衬	1
4	前贴袋	1	12	领面毛样衬	1
5	袖片	1	13	领座净样衬	1
6	袖克夫	4	14	领座毛样衬	1
7	领面	2	15	袖克夫毛样衬	2
8	领座	2	—	—	—

拓展与练习

(1) 按 1∶1 的比例默画男衬衫结构图。

(2) 根据流行趋势，设计一款合体男衬衫，并绘制出其 1∶1 结构图。

要求：结构合理、尺寸准确、弧线圆顺、基础与轮廓线清晰、各项标识标注清楚。

第二节　连衣裙结构制图

任务目标

1. 掌握连衣裙的量体与规格设置。
2. 熟练掌握连衣裙的制图方法和计算公式。
3. 掌握连衣裙的放缝、裁片数量。
4. 重点掌握分割部位对造型变化的作用。

一、连衣裙的款式特点

连腰型连衣裙是连衣裙的一种形式，是上衣和裙子连体无接缝的款式，整体造型较为合体，款式简洁线条流畅，前设刀背分割线，后设通肩公主线，一片式短袖衬衫领，前胸设半门襟工艺定四粒纽扣，下摆展呈X造型，右侧缝装隐形拉链（图3-41）。

图　3-41

二、制图规格

连衣裙纸样制图规格见表3-9。

表 3-9　连衣裙纸样制图规格　　单位：cm

号型	部位	后中长(BCL)	背长(BWL)	胸围(B)	腰围(W)	臀围(H)	肩宽(S)	袖长(SL)
160/84A	规格	89	38	94	78	98	39	20

三、连衣裙结构制图

(一) 前后衣片基础线制图

前后衣片基础线制图如图 3-42 所示。

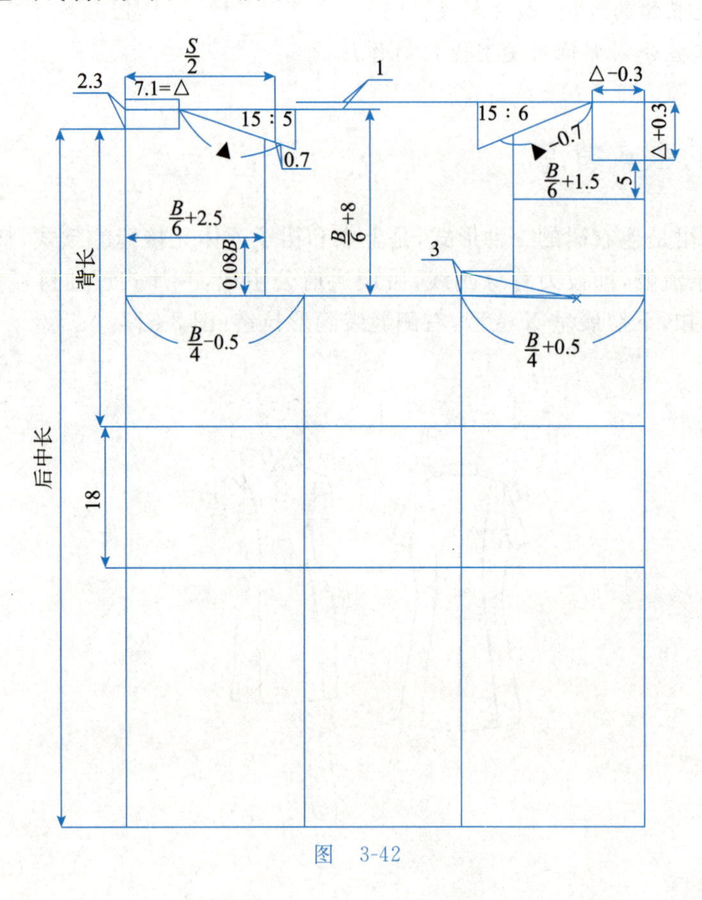

图　3-42

1. 后衣片

(1) 后中长：最先绘制的基础线条。

(2) 上平线：垂直于后中基础线。

(3) 下平线：垂直于后中基础线，位于该线的最下端，即底边线。

(4) 后领深线：自上平线向上量取 2.3cm，作上平线的平行线。

(5) 腰节线：自后领深点向下量取背长规格，作上平线的平行线。

(6) 胸围线(袖窿深线)：自侧颈点向下量 $B/6+8$cm。

（7）臀围线：自腰节线向下量取 18cm，作上平线的平行线。

（8）后领宽：自后中线量进 7.1cm 为后领宽点，作后中基础线的平行线。

（9）后肩斜线：自后领宽点按 15∶5 的比值确定后肩斜度，作后肩斜线。

（10）后肩宽：自后中线量取 $S/2$，并与后肩斜线相交。

（11）后背宽线：自袖窿深线与后中线的交点向上量取 $0.08B$ 为起点，量取 $B/6+2.5$cm，作后中基础线的平行线。

（12）后胸围大（侧缝直线）：自后中线与胸围线的交点向袖窿方向量取 $B/4-0.5$cm 并垂直于下平线。

2. 前衣片

（1）上平线：在后衣片的基础上抬高 1cm，作平行线。

（2）前中线：垂直相交于上平线和下平线。

（3）前领深线：自上平线向下量取后领宽＋0.3cm，作上平线的平行线。

（4）前领宽线：自前中线量进后领宽－0.3 cm，作前中线的平行线。

（5）前肩斜线：自前领宽点按 15∶6 的比值确定后肩斜度，作后肩斜线。

（6）前小肩长：量取后小肩长－0.7 cm。

（7）前胸宽线：自前领深点向下量取 5cm 定点，再从该点量进 $B/6+1.5$cm，作前中基础线的平行线。

（8）前胸围大（侧缝直线）：自前中线与胸围线的交点向袖窿方向量取 $B/4+0.5$cm，并垂直于下平线。

（9）BP 点：前肩点向下 24～25cm，前中向侧缝方向取 9～9.5cm 的坐标原点。

（10）前胸省：袖窿深线和侧缝交点向上 3cm 并连接 BP 点。

（二）前后衣片轮廓线和结构线制图

前后衣片轮廓线和结构线制图如图 3-43 所示。

1. 后衣片

（1）后领圈弧线：后领宽线靠近后颈点 1/3 处起弧连接侧颈点后领口开大 0.5cm。

（2）后袖窿弧线：过肩点、背宽点和腋下三点画弧线。

（3）后腰省：从后中向侧缝方向取 10cm 画省道线，省道长袖窿深线向上取 3cm，臀围线向下取 13cm，腰省大 2.5cm。

（4）后中弧线：腰节处内收 1.3cm，然后圆顺后中弧线。

（5）后分割线：过 1/2 肩斜线点左右各取 0.35cm 的肩省量作为肩线的分割点，后中片分割线从上至下依次连接肩分割点、腰省大交臀围线再连接至底摆加放 2cm 画顺，侧片方法相同。

（6）后臀围大：在臀围线与后中弧线交点处向侧缝方向取 $H/4-1$cm 为后臀围大。

（7）后侧缝线：腰节线后中内收 1.3cm 处截取腰围大 $W/4+2.5-2$ 为侧缝点，然后弧线连接腋下点、腰围大、臀围大延长至底摆延长线为成品侧缝线。

（8）底边弧线：自下平线向上 2cm，与后侧缝线保持垂直。

2. 前衣片

（1）前领圈弧线：连接对角线并 3 等分，分别过前侧颈点、一等分点、前领深点弧线连接。

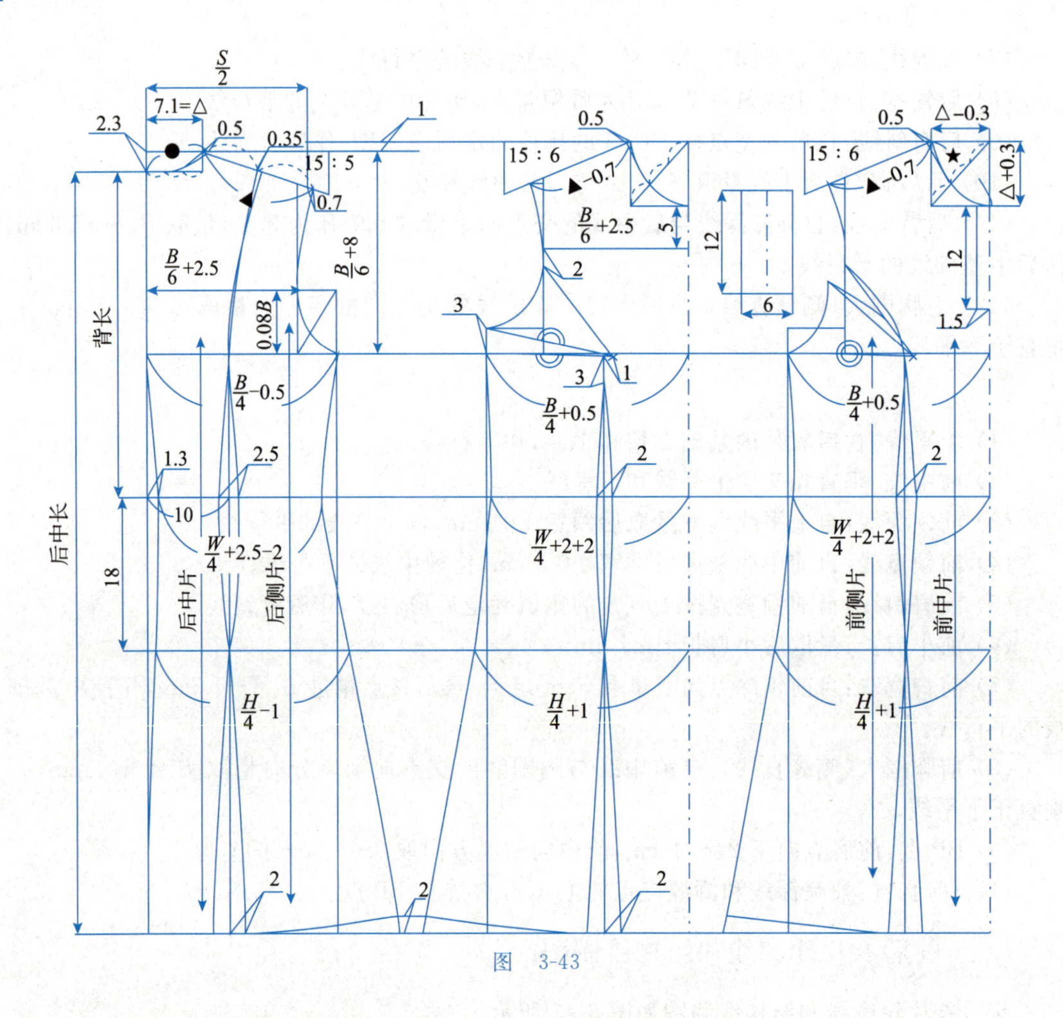

图 3-43

（2）前袖窿弧线：过前肩点、前胸宽点、前腋下点连接弧线。

（3）侧缝线、底摆线：同后片。

（4）前腰省：BP 点向侧缝方向偏移 1cm 做前底边的垂直线，上省尖距 BP 点垂直距离 3cm，与标注不符腰省大 2cm。

（5）前刀背省分割线：前胸宽点袖窿向下取 2cm 处连接 BP 点为省道转移剪开线。绘制方法如图 3-44 所示。

（6）省道转移：沿剪开线剪开，把 3cm 的省量去掉，然后以 BP 点为圆心旋转合并省大开袖窿省，绘制方法如图 3-45 所示。

（7）定半开门襟：自前领深点向下量取 12cm 定出其长度。

（8）纽扣位：第一粒纽扣位于前领深向上 1.2cm 处，末粒扣在半开门襟长向上 2.5cm 处，中间各纽位平均分布。

（三）袖子结构制图

袖子结构制图如图 3-46 所示。

（1）上平线：作基础直线。

（2）下平线：自上平线向下量取袖长，并平行于上平线。

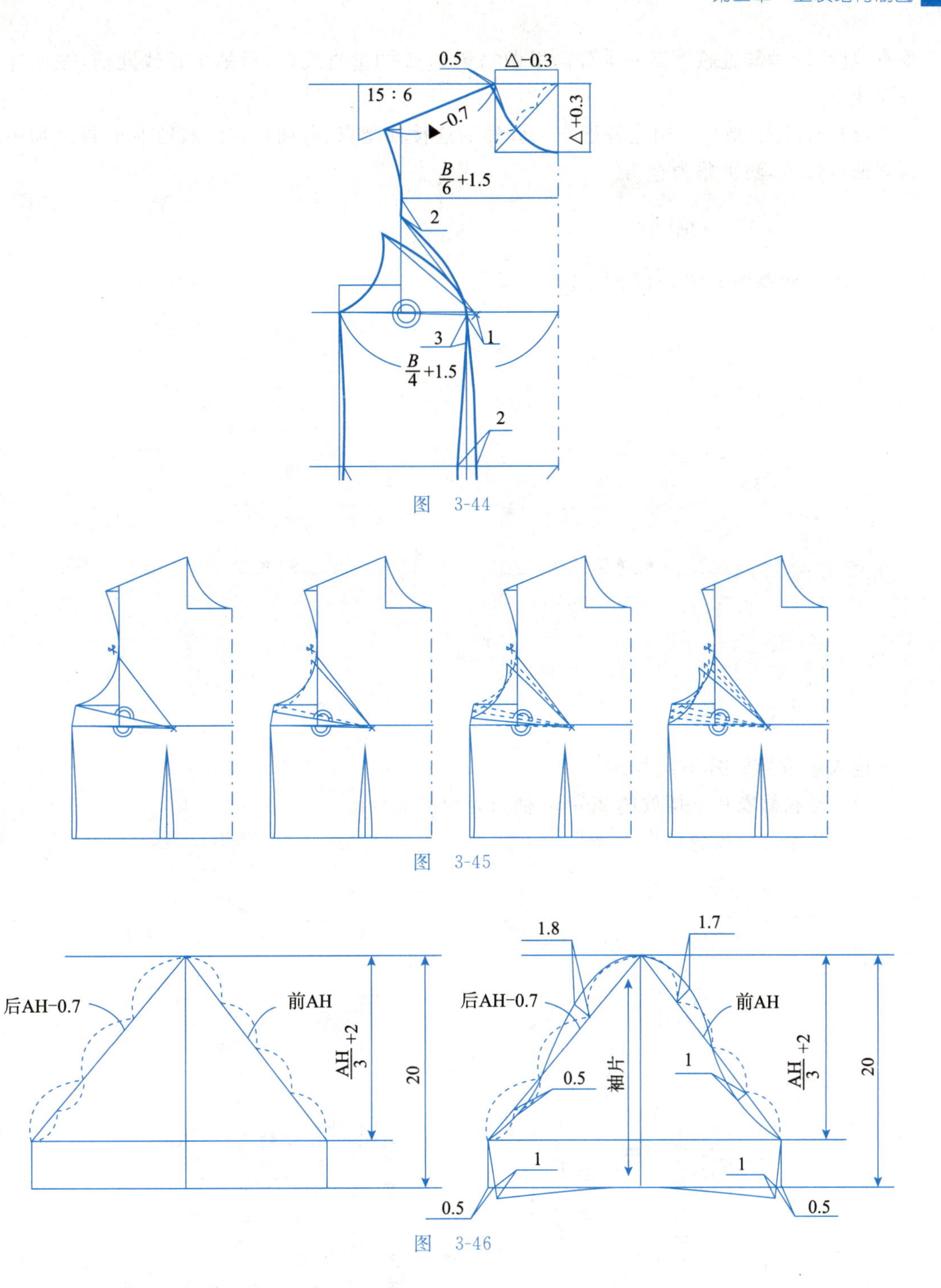

图　3-44

图　3-45

图　3-46

(3) 袖中线：与上平线下平线垂直相交。

(4) 袖山深线：自上平线向下量取 AH/3+2，并作平行线。

(5) 袖山斜线：在袖肥上前袖山斜线=前袖窿弧线，截取后袖山斜线=后袖窿弧线−0.7cm。

(6) 袖口围线：分别从腋下左右两点向袖围线引两条垂线相交于下平线。

(7) 袖山弧线：前袖山斜线 4 等分。过靠近袖山顶点一等分处向外作一条 1.7cm 长的垂直线段，同理靠近腋下点一等分向里做一条 1cm 的垂直线段，后袖山弧线同前，顺次连接各弧线点。

(8) 袖口大：袖口大两边各进 0.5cm 然后连接袖肥点，向袖口方向顺延 1cm 再过袖中线圆顺袖口弧线，转折角为直角。

(四) 领子结构制图

领子结构制图如图 3-47 所示。

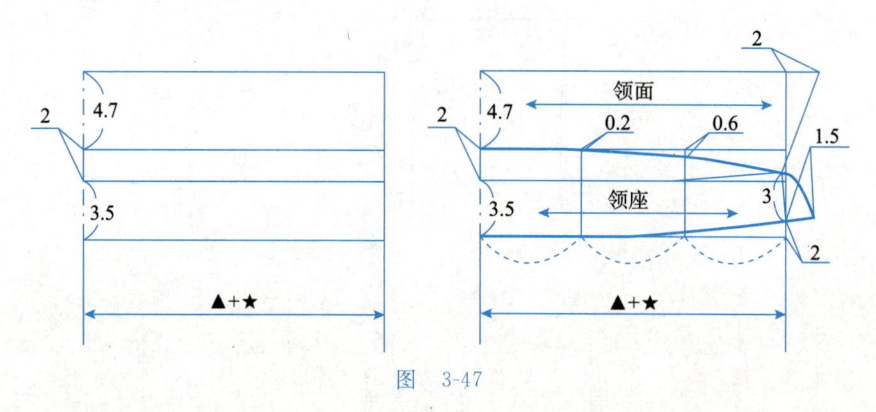

图 3-47

(五) 连衣裙放缝

连衣裙放缝如图 3-48 所示。

(1) 连衣裙衣片下摆放缝 2.5cm，袖口处放缝 2.5cm。

(2) 其余部位放缝均为 1cm。

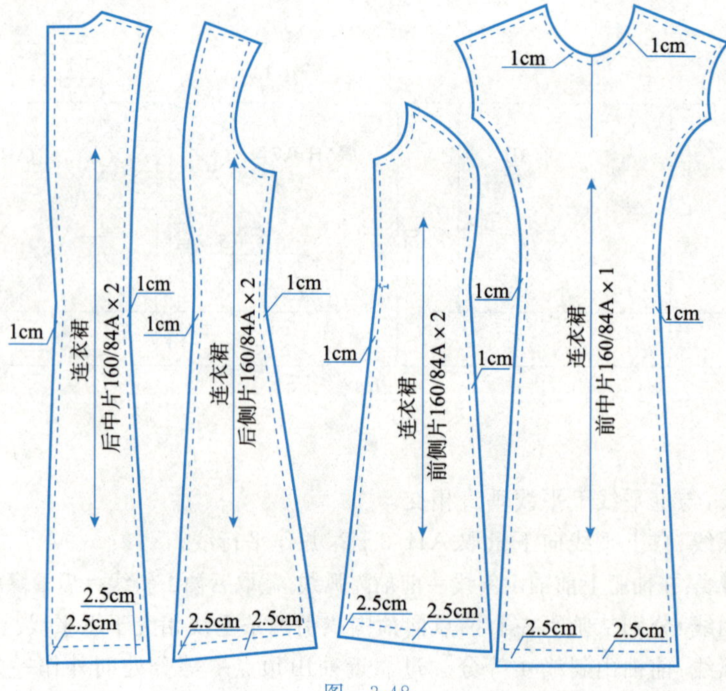

图 3-48

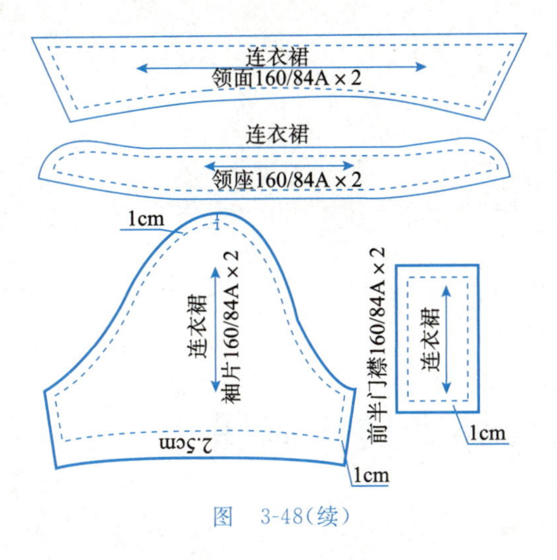

图 3-48(续)

四、连衣裙样板名称及裁片数量

连衣裙样板名称及裁片数量见表3-10。

表3-10 连衣裙样板名称及裁片数量

序 号	裁片名称	数 量	序 号	裁片名称	数 量
1	后中衣片	2	5	袖片	2
2	后侧片	2	6	领面	2
3	前中片	1	7	领座	2
4	前侧片	2	8	前半门襟	2

拓展与练习

(1) 按1∶1的比例默画合体连衣裙结构图。

(2) 结合所学知识，自己设计一款合体型连衣裙，按1∶1比例进行结构制图。款式参考图3-49。

要求：结构制图结构合理、尺寸准确、弧线圆顺、基础与轮廓线清晰、各项标识标注清楚。

图 3-49

第三节　合体女外套结构制图

任务目标

1. 掌握全体女外套的制图方法、步骤和计算公式。

2. 重点掌握合体女外套在平面造型上的处理。

3. 掌握合体女外套的放缝、样板名称和裁片数量。

4. 重点掌握驳头高低、宽窄，单排纽、双排纽，翻领宽窄在配领上的相应处理；分析宽松式女外套在造型、量体上与合体式女外套的区别，在制图上作相应的处理。

一、合体女外套的款式特点

此款式为收腰短小上衣，前身设胸腰省，后片刀背分割线，平驳领，七分袖，轻便活泼，适合与垮裤或小脚裤搭配穿着，前片左右各两个大斗斗盖、前门两粒扣。款式示意如图 3-50 所示。

图　3-50

二、制图规格

合体女外套纸样制图规格见表 3-11。

表 3-11　合体女外套纸样制图规格　　单位：cm

号型	后中长(BCL)	背长(BWL)	胸围(*B*)	腰围(*W*)	肩宽(*S*)	袖长(SL)	袖口宽
160/84A	46.5	36	94	75	39	42	11

三、合体女外套结构制图

(一) 前后衣片结构制图

前后衣片结构制图如图 3-51 所示。

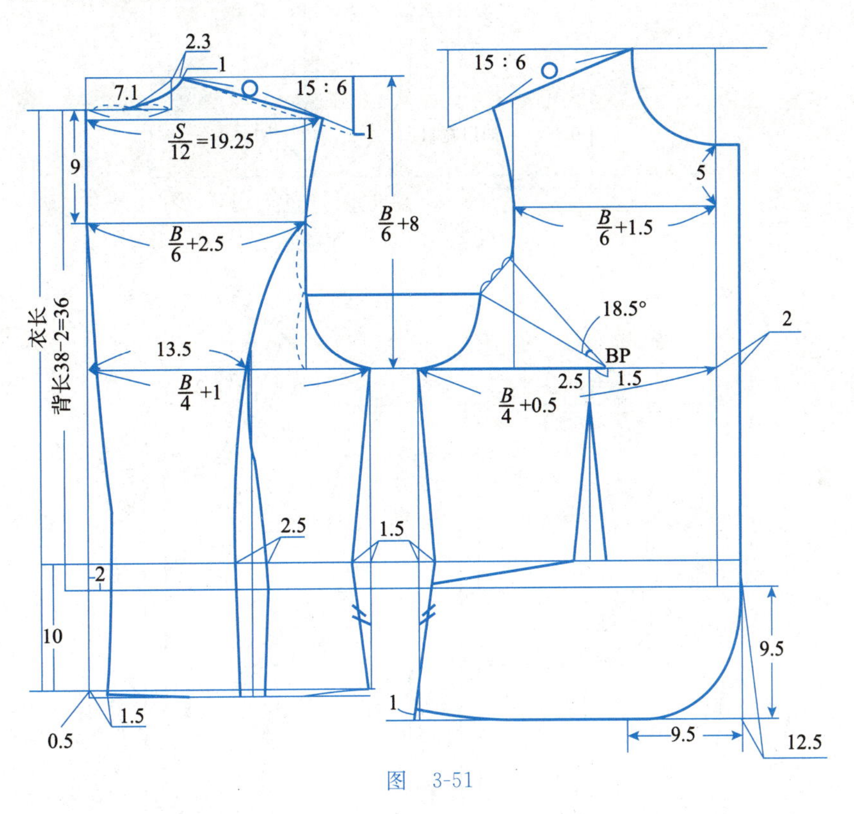

图　3-51

(二) 袖片结构制图

袖片结构制图如图 3-52 所示。

(三) 前衣片省道转移以及翻驳领结构制图

前衣片省道转移以及翻驳领结构制图如图 3-53 所示。

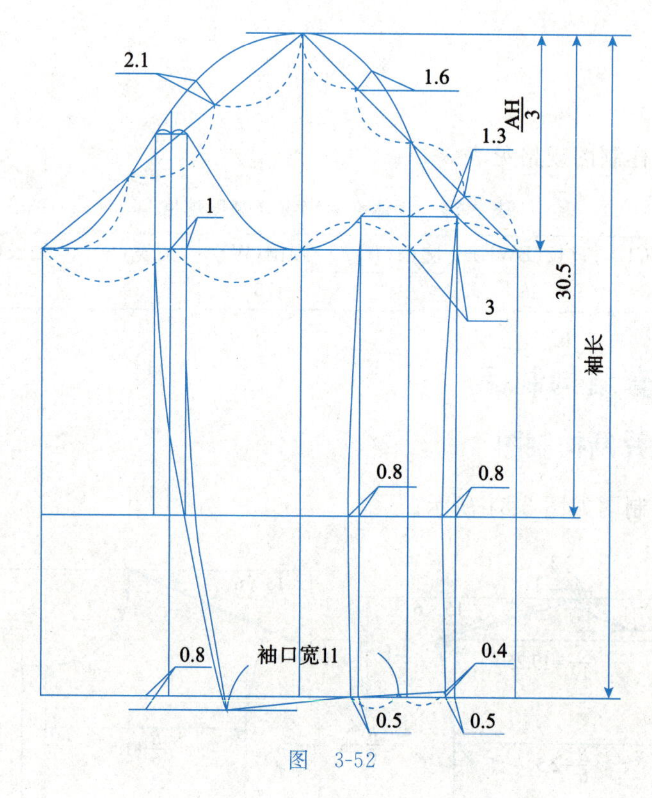

图 3-52

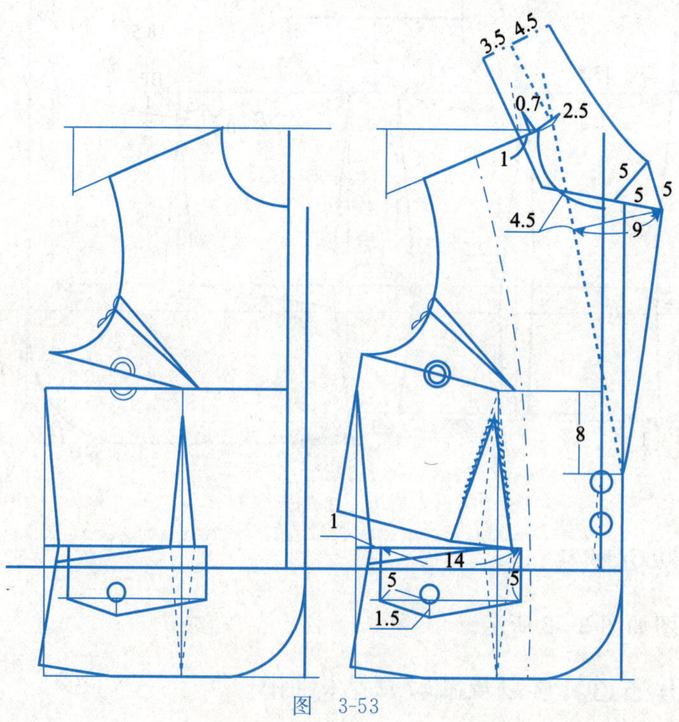

图 3-53

（四）合体女外套放缝

合体女外套放缝如图 3-54 和图 3-55 所示。

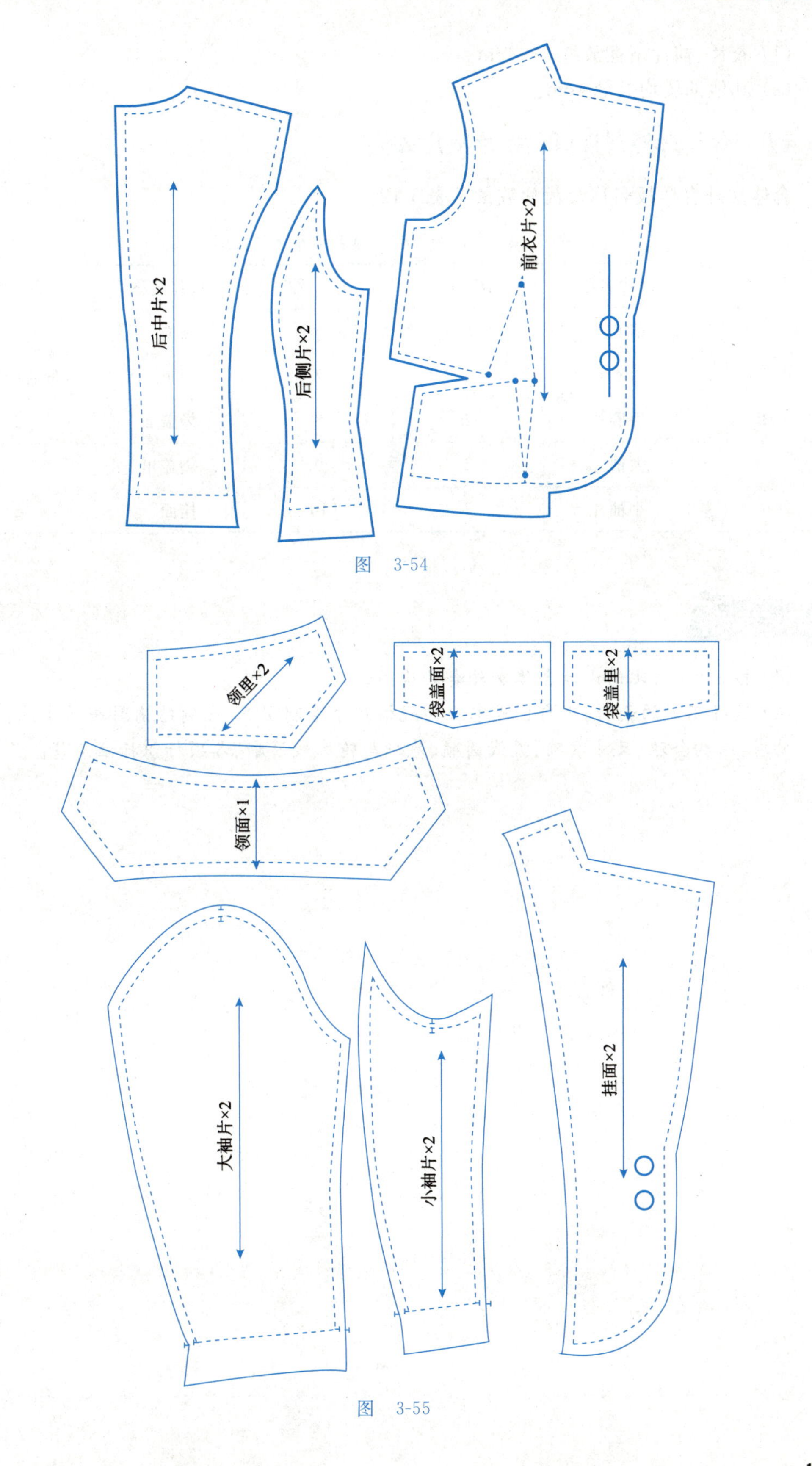

图　3-54

图　3-55

(1) 衣片、袖片下摆放缝 3～4cm。

(2) 其他部位均放缝 1cm。

(五) 合体女外套样板名称及裁片数量

合体女外套样板名称及裁片数量见表 3-12。

表 3-12 合体女外套样板名称及裁片数量

序 号	裁片名称	数 量	序 号	裁片名称	数 量
1	前衣片	2	6	领面	1
2	后衣片	2	7	领里	2(领后中断开)
3	后侧片	2	8	袋盖面	2
4	大袖片	2	9	袋盖里	2
5	小袖片	2	10	挂面	2

拓展与练习

(1) 按 1∶3 的比例设计合体女外套结构图。

(2) 选择不同的面料，用自己或家人的规格尺寸绘制 1∶1 比例结构图并制作样衣。要求：结构合理、尺寸准确、弧线圆顺、基础与轮廓线清晰、各项标识标注清楚。

参考文献

[1] 蒋锡根. 服装裁剪疑难解答 150 例[M]. 上海:上海科学技术出版社,2012.

[2] 骆振楣. 服装结构制图[M]. 北京:高等教育出版社,2006.

[3] 王家馨,张静. 服装制板实习[M]. 北京:高等教育出版社,2002.

[4] 邹奉元. 服装工业样板制作原理与技巧[M]. 2 版. 杭州:浙江大学出版社,2012.

[5] 于丽娟. 裤装设计・制板・工艺[M]. 2 版. 北京:高等教育出版社,2018.

[6] 于丽娟. 裙装设计・制板・工艺[M]. 2 版. 北京:高等教育出版社,2022.

[7] 于丽娟. 衬衫设计・制板・工艺[M]. 2 版. 北京:高等教育出版社,2022.